有趣的化学基础百科

化学键

CHEMICAL BONDS

[美]菲利普·曼宁 著

陈 仪 译

上海科学技术文献出版社

Shanghai Scientific and Technological Literature Press

图书在版编目（CIP）数据

化学键／（美）菲利普·曼宁著；陈仪译．—上海：上海
科学技术文献出版社，2024
ISBN 978-7-5439-8996-2

Ⅰ．①化… Ⅱ．①菲…②陈… Ⅲ．①化学键—青少
年读物 Ⅳ．① O641.1-49

中国国家版本馆 CIP 数据核字（2024）第 014172 号

选题策划：张　树
责任编辑：苏密娅　姚紫薇
封面设计：留白文化

化学键
HUAXUEJIAN

[美]菲利普·曼宁　著　陈　仪　译
出版发行：上海科学技术文献出版社
地　　址：上海市长乐路 746 号
邮政编码：200040
经　　销：全国新华书店
印　　刷：商务印书馆上海印刷有限公司
开　　本：650mm×900mm　1/16
印　　张：6.25
版　　次：2024 年 2 月第 1 版　2024 年 2 月第 1 次印刷
书　　号：ISBN 978-7-5439-8996-2
定　　价：38.00 元
http://www.sstlp.com

Contents 目 录

第 1 章

星　尘

　　现代生活需要的材料多得令人难以置信，一些可以从自然中获得，还有许多则需人造。例如，一个简单的水杯可能是由泡沫聚丙乙烯、纸或玻璃制成的。顾客可以根据需求选择容器——装热咖啡可以选择泡沫聚丙乙烯杯，在健身房小饮一口水可以选择纸杯，走廊上喝口软饮料则选择玻璃杯。家庭储物柜可以由金属、木材或塑料制成。航天飞机则是由硅和钢以及数百种其他材料组装而成的。所有这些物质的性质都取决于组成物质的原子间的化学键。

　　为什么钠原子连接在一起就能形成一种可与水发生剧烈反应的银色金属？是什么使一个氯原子（一种稍重的元素）与另一个氯原子结合形成一种根本不与水发生反应的有毒气体？此外，为什么钠和氯的结合会产生一种叫食盐的白色结晶物质？为什么它不会与水发生反应，而且幸运的是，也不致命？这些物质的性质是由它们的化学键决定的，化学键的性质是由原子决定的。而且，信不信由你，原子的性质是由恒星决定的。

由恒星构成

我们生活中的大多数东西——从纸杯到航天飞机，包括地球本身和地球上的每一个生物——都是由星尘构成的。"由星尘构成"不是什么夸张的措辞，这确实是真的。20世纪40年代，在一场关于宇宙本身性质的长期辩论中，科学家们开始弄清原子的起源：究竟是宇宙膨胀的大爆炸理论是正确的，还是无始无终的宇宙恒稳态理论是正确的？

风趣的物理学家乔治·伽莫夫（George Gamow）倡导大爆炸理论，英国天文学家弗雷德·霍伊尔（Fred Hoyle）则支持宇宙恒稳态理论。大爆炸理论正确地预测了可见宇宙由90%的氢原子和9%的氦原子组成，其他元素只占总元素的1%。遗憾的是，大爆炸理论无法解释那至关重要的1%元素——包括氧元素、碳元素和铁元素等在内的重元素——的起源。

尽管伽莫夫无法解释重元素的起源，但大爆炸理论最终还是战胜了稳态理论。20世纪60年代发现的宇宙微波背景辐射，正是大爆炸理论的一个预测结果，而稳态理论并不能解释它。稳态理论渐渐被遗忘，但它的主要拥护者产生了一个新的伟大想法，回答了大爆炸理论中的最大漏洞：如果重元素不是在大爆炸中形成的，那么它们从何而来？

1957年，弗雷德·霍伊尔展示了如何通过恒星中的核反应生成重元素。根据霍伊尔的说法，这些元素是在恒星的极端温度下，将较轻元素的原子核融合在一起时产生的。物理学家们很快提出了一系列的核反应，这些反应解释了所有元素的形

乔治·伽莫夫（1904—1968）

乔治·伽莫夫的一生既是一部悬疑小说，也是一本童话故事。伽莫夫金发碧眼，六英尺三英寸高（约 1.9 米），戴着牛奶瓶底般厚的眼镜，他将睿智的思想和巧妙的笑话融合于科普文章写作之中，使得文章呈现出一种条理分明、幽默风趣的风格。

图 1.1　宇宙学先驱——
乔治·伽莫夫

伽莫夫出生在俄罗斯帝国地区（今为乌克兰）。他曾在哥廷根、哥本哈根和剑桥求学，师从当时最好的物理学家。在哥本哈根时，他喜欢看美国西部电影，还曾经向尼尔斯·玻尔（Niels Bohr）发起水枪战，没有留下关于谁获胜的记录，但玻尔很可能被伽莫夫的水枪淋得透湿。

由于当时的社会环境对知识分子不友好，伽莫夫试图逃离祖国。他一开始尝试和妻子划船穿越黑海到土耳其，全程大约 170 英里（约 273 千米），随身只带了一点食物和两瓶白兰地。不出意外，这次尝试失败了。1933 年，他在布鲁塞尔参加完一次科学会议后离开了苏联。不久后，他在美国定居。

伽莫夫能将严肃的科学以不那么严肃的方式呈现出来。这一点不仅清楚地体现在他精彩的科普书籍中，而且在一篇题为《化学元素的起源》的著名论文中也可见一斑。这篇论文中，伽莫夫与合著者拉尔夫·阿尔弗（Ralph Alpher）一起为大爆炸理论辩护，并试图展示大爆炸是如何产生元素的。这篇论文是一个里程碑，因为它正确地预测了宇宙中氢、氦和更重元素的数量。论文的缺点在于作者还试图说明所有的元素都是大爆炸期间创造出来的，但这一结论后被证明是错误的。

尽管如此，这篇论文在现代宇宙学的发展中至关重要。不过伽莫夫还是忍不住其中加了个插曲。他认为阿尔弗这个名字听上去像希腊字母表首字母 α（alpha），同理，伽莫夫听上去像字母表第三个字母 γ（gamma）。所以为了补上中间的空，伽莫夫把他朋友——著名物理学家汉斯·贝特（Hans Bethe）的名字作为合著者加上了。于是便有了阿尔弗-贝特-伽莫夫理论，也就是常说的 αβγ 理论（alpha beta gamma theory）。

成。宇宙学家现在认为，最初的宇宙是由大爆炸形成的，在这场爆炸中产生了氢元素和氦元素。然后氢元素和氦元素聚集在一起构成了恒星，通过反应形成了重元素。数十亿颗恒星的诞生和消亡中又产生了重原子，这些原子可以彼此结合，形成像地球这样的行星以及我们日常的所有材料。

爱因斯坦的发现

两千多年前，希腊哲学家就开始为原子是否存在而争论不休。物质可以一直细分下去吗？还是只能分到某种不可再分的、赋予物质独特属性的结构？是什么使室温下的铁又硬又重，而氧气轻并是气态的？尽管约翰·道尔顿（John Dalton）早在 19 世纪就发表了原子理论，德米特里·门捷列夫（Dmitri Mendeleyev）在 1869 年就以原子为基础提出了元素周期表，但关于原子是否存在的疑虑依然存在。这些质疑直到 20 世纪早期才得以完全消除，当时一位名叫阿尔伯特·爱因斯坦（Albert Einstein）的傲慢的年轻瑞士专利局职员决定要解决布朗运动问题。

罗伯特·布朗（Robert Brown）是一位苏格兰植物学家，也是一位杰出的显微镜技术员。1827 年，他将花粉粒悬浮在水中，通过显微镜观察花粉粒，发现它们明显在运动。他观察到的运动是花粉的随机晃动。他确信这些颗粒的运动不是由于水里的水流或旋涡引起的，但他不能确定是什么引起了它们的运动。

没人能解释这一现象，直到 1905 年爱因斯坦发表了一篇论文，解开了花粉粒晃动的谜团。他的第一句话就直击问题的核心："从这篇文章中，"爱因斯坦写道，"根据热的分子动力学理论，读者将了解到显微镜下可见大小的颗粒，由于分子热运动，会开始大幅度的运动，其运动幅度用显微镜可以轻易观察到。"换句话说，水分子撞击花粉粒的随机运动引起了布朗运动。因此，分子和原子必然存在。对其他人来说，这篇论文都是职业生涯的一个亮点。但对爱因斯坦来说，这仅仅是个开始。同年，他又发表了另外两篇分量不低于此篇的论文。其中一篇推翻了盛行了一个世纪的光波理论。另一篇提出了狭义相对论，得出了世界上最著名的方程式：$E = mc^2$。

爱因斯坦关于布朗运动的论文发表后，科学家们知道了原子和分子确实存在。但是它们是什么样子的呢？它们是坚硬的、均匀的、像小弹珠一样的球状吗？原子有自己的内部结构吗？

新西兰的一名乡村男孩是最早研究原子构成的科学家之一，他是一位杰出的物理学家，名叫欧内斯特·卢瑟福（Ernest Rutherford）。在成为著名的英国剑桥卡文迪许实验室主任之前，卢瑟福早期的大部分工作是在加拿大和英国曼彻斯特完成的。对放射性元素的早期研究使他得出这样的结论：放射性元素的放射物有两种形式。卢瑟福以希腊字母表的头两个字母把它们命名为 α 粒子和 β 粒子。当卢瑟福开始探索原子的本质时，他决定看看在一层薄薄的金箔上点燃 α 粒子时会发生什么。

在以前的实验中，卢瑟福知道了 α 粒子比电子大得多〔电子是由诺贝尔奖获得者、卢瑟福在研究生阶段的导师和他在卡文迪许实验室的前辈 J. J. 汤姆森（J. J. Thomson）确定为微小的带负电荷的粒子〕。他还知道 α 粒子带一个正电荷。他开始使用一个简单的设备来进一步研究 α 粒子：一束 α 粒子射线，一张金箔，以及一个探测屏幕，当阿尔法粒子击中屏幕时，屏幕就会短暂发光。经过多次枯燥的实验后，卢瑟福发现一些 α 粒子穿过了金箔，而另一些则发生了偏转，一些已经直接反弹回射线源。这一结果令人惊讶。这就像对着薄纸发射炮弹，结果有些炮弹弹回来打在了你身上。显然，金原子含有比电子质量更大的物质，这种物质可以使粒子在受到冲击时调换方向。

卢瑟福认为，金原子使带正电荷的α粒子弹回的唯一可能是金原子包含一个带正电荷的小而密度大的物质。在正面碰撞中，这一带电荷的物质会对α粒子产生强烈排斥。由于该原子的正电荷集中在一个极小的空间里，所以只有少数的轰击粒子会被排斥，而其余的粒子会通过。最终，卢瑟福公布了他的新原子结构。他说，这个原子是由一个小的带正电荷的原子核和一些环绕它的更小的带负电荷的电子组成的。原子核是如此之小，如果原子有足球场那么大，那么原子核不过是一个弹珠那么大。原子内大部分空间似乎都是空的。

卢瑟福于1911年公布了他的原子结构。这一新结构类似于太阳系。科学家们逐渐了解了这一结构，并很快采用了它。然而，还存在一个问题。一个带负电的电子绕着一个带正电的原子核运动，应该会发射出电磁辐射，失去能量，然后螺旋下降，进入原子核。根据当时已知的物理学定律，卢瑟福的原子——由带负电荷的粒子在围绕正电荷中心的稳定轨道上构成——是不可能存在的。

巨大飞跃

几年前，一个类似的难题困扰着物理学家。这一问题被称为黑体问题。黑体是一种假想的物体，它会吸收所有落在它表面的电磁辐射。电磁辐射是纯粹的能量，是没有质量的波。电磁波的范围很广，从高能的γ射线和宇宙射线到低能量的无线电波都是电磁波。电磁波谱中可见部分的射线——人眼可以探测到的——被称为光波。

黑体受热时会辐射电磁波。在某些情况下，黑体根本不是黑色的。当黑体发出辐射的波长处于电磁波谱的可见光区时，我们将该辐射视为光。

许多日常物品——例如壁炉拨火棍——都和黑体很相似。加热一根拨火棍，它的颜色最初不会发生变化，但你可以感觉到它以红外辐射的形式散发出的热量。这种波长的辐射肉眼不可见，但是手是可以感知到的——因为如果你把手靠近加热的拨火棍，你的手会感觉很热。把拨火棍加热到更高的温度，它会开始发光，它发出了更多的能量波。这些能量波肉眼看上去是红色的。继续加热拨火棍，它会变得白热，因为白色是可见光光谱中所有颜色的混合，包括了更高能量的波。温度越高，产生的辐射能量越大，强度越高。除了壁炉拨火棍，这一特征显著的黑体光谱还适用于其他物体。事实上，任何物质发出的电磁辐射的光谱只取决于它的温度，而与物质本身无关。

黑体的特征光谱是在 19 世纪通过实验确定的，但它不能用牛顿和麦克斯韦的物理学理论来解释。（伟大的英国科学家艾萨克·牛顿在 1687 年阐明了牛顿运动定律和重力定律；苏格兰物理学家詹姆斯·克拉克·麦克斯韦于 1871 年发表了他的电磁定律。）

牛顿和麦克斯韦的物理学预言，受热的物体会发出无限的极高能的辐射。

这个预言是基于这样一个概念，即黑体是由微小振子组成的，微小振子能产生连续波，就像你拨动小提琴弦时得到的波一样。但是光谱物理学家预测的黑体辐射——无限的高能辐射——与实验数据不符，甚至相去甚远。这就是马克斯·普朗克（Max Planck）在 1900 年研究的问题。

普朗克是一位才华横溢的德国物理学家，他对待工作一丝不苟。虽然科学史学家对导致普朗克发现量子力学的突破进行了广泛研究，但没有人能确切地知道，当他想出使物理学发生革命性变化的方程式时，他井然有序、训练有素的头脑到底在想些什么。无论如何，在试验了许多想法之后，普朗克终于提

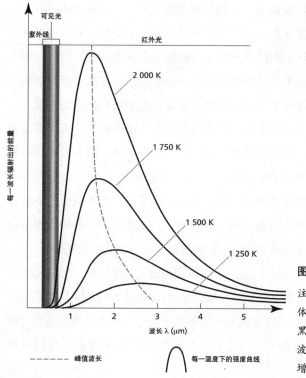

可见光

紫外线

红外光

每一波长辐射出的能量

2 000 K

1 750 K

1 500 K

1 250 K

1　2　3　4　5

波长 λ (μm)

- - - - - - - 峰值波长

每一温度下的强度曲线

图 1.2　黑体辐射

注：这个图表显示了黑体辐射的能级和强度。黑体温度的增加，辐射波的能级和强度也随之增加。

出了一个不可思议的想法：如果能量并不是连续的，而是以微小的、离散的粒子形式出现的呢？他写下了他的方程式：

$$E = nhf$$

在这个方程中，E 是黑体中振子的能量，n 是振子的数目，f 是振荡的频率，h 是一个很小的数，如今被称为普朗克常数。它通常用科学计数法表示为 6.6×10^{-34} 焦耳·秒。[焦耳是国际单位制（SI）中功的单位。简写为 J，一焦耳等于 0.238 8 卡路里。]用小数表示的话，普朗克常数是这样的：

0.000 000 000 000 000 000 000 000 000 000 000 66

当普朗克用他的方程式计算黑体辐射的光谱时，他得到了一个与实验结果完全一致的结论。更重要的是，他发现了量子力学，这个简单的方程式构成了量子理论的基础。应用于黑体物理学时，它意味着能量不是连续的，而是以微小的、不可再分的粒子或量子（普朗克自己创造的一个词）的形式出现的，这与振子的频率成正比。

普朗克在 1900 年 12 月柏林物理学会的会议上给出了他对黑体问题的解答。当时，没有人，甚至可能连普朗克自己也没有掌握这个他用来解决黑体问题的简单方程的含义。他的方程式被认为是一个不错的数学式，但没有特别的物理意义。它是有用的，但不一定代表黑体实际运作的方式。

救星玻尔

图 1.3　现代原子之父——尼尔斯·玻尔

尼尔斯·玻尔生来就有科学天赋。他来自丹麦著名的知识分子家庭，优秀的背景使他受到了一流的教育。获得大学学位后，他在剑桥大学跟随 J. J. 汤姆森进行研究。就在卢瑟福发表了他那不可能的原子结构的一年后（那一结构的原子不可能——但显然是确实存在的），他开始为欧内斯特·卢瑟福工作。玻尔的强烈愿望是找出是什么使得卢瑟福原子中的电子待在既定轨道上，是什么阻止了带负电荷的电子落入带正电荷的原子核。

玻尔知道马克斯·普朗克对黑体的研究，他开始思考：如果原子表现出和黑体一样的量子性质会怎样？如果原子中的电子能量不是连续的，而只能呈现出特定值呢？

和卢瑟福共事了一年之后，玻尔回到哥本哈根继续他的工作，但是进展十分缓慢，直到他开始研究氢的光谱。电子放电时会激发氢原子产生辐射，辐射通过棱镜时，会以特定波长的高锐度线条的形式出现。在研究了辐射线条后，玻尔提出了一种新的氢原子结构。

玻尔和卢瑟福一样，他想象中的原子有一个小原子核，原子核周围有一个就像行星绕着太阳转一样的电子。但玻尔假设每个电子只能有一定的能量。他认为一个氢原子有一个电子和两个能级。（氢原子实际上不止两个能级，但为了简单起见，本例中只考虑两个能级。）通过吸收光子形式的电磁辐射，电子可以从较低能级跃迁到较高能级。或者通过发射一个光子，电子可以从一个更高的能级到一个更低的能级。但是中间能级是不存在的。原子不是处于一种状态就是处于另一种状态，并且（随着能量的失去或吸收）它能在这两种状态之间完成瞬间转变。

玻尔将普朗克的思想应用于卢瑟福的原子结构，解决了原子结构不可能存在的问题。原子中电子的能量是固定的。一个原子可以从一种能态进入另一种能态，但一个电子不能持续放出辐射并螺旋进入原子核。量子规则不允许这种情况发生。

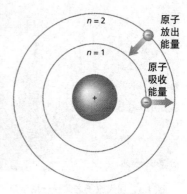

图 1.4 玻尔的原子模型

注：电子从较高的能级移动到较低的能级时，原子就会释放能量。原子吸收能量时，电子就从较低的能级移动到较高的能级。

有了这个模型，就可以用普朗克方程计算氢原子中电子轨道间的能量差。在有一个电子和两个可能能级的简化氢原子的例子中，决定电子从高能态（E_2）到低能态（E_1）的发射辐射频率的方程是：

$$E_2 - E_1 = hf$$

其中，h 是普朗克常数，f 是发射辐射的频率。

因为氢有两个以上的能级，所以它发出的电磁辐射不止一种频率。这一公式解释了所有观测到的氢的辐射现象。玻尔在 1913 年发表了他的新原子结构。根据阿尔伯特·爱因斯坦的说法，玻尔原子模型是"最伟大的发现之一"。

起初，玻尔的研究仅限于氢。氢是最简单的原子，由一个带正电的原子核和一个带负电的电子组成。但是氦呢？钠呢？或者任何更重一些的元素呢？

玻尔知道他的原子理论必须延伸到其他元素上。为了说明其他原子的性质，玻尔借用了一个最初由 J. J. 汤姆森提出的概念。汤姆森认为原子中的电子占据着原子核周围的电子层。一个原子可以被看作是一个洋葱，洋葱的每一层代表一个轨道。玻尔扩展了汤姆森的概念，他给每个轨道分配了特定的能量。

利用这个概念，玻尔可以一个电子接一个电子地构建假想原子。氢之后是带两个电子的氦。氦是一种非常稳定的元素，很难失去或得到电子。因此，玻尔得出结论，两个电子就能填满第一个能级壳层，多余的电子会进入另一个电子层。玻尔接着确定了下一个能级壳层需要个 8 电子来填充。借助光谱数据、对元素周期性的了解，以及贯穿了他整个职业生涯的直觉天赋，玻尔将他的原子理论延伸到了所有元素上。

玻尔的原子模型在解释原子的性质方面作出了很大的贡献。尽管如此，还是有一些问题没有解决。科学家可以利用玻尔模型计算出氢光谱中发射谱线的波长，但玻尔模型不能解释重原子的光谱。然而，

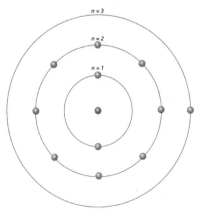

图 1.5　玻尔的钠原子模型

玻尔原子最大的问题在于它的随意性。该模型准确地预测了一些实验结果，但缺乏坚实的科学依据。它什么也解释不了。是什么决定了电子层中电子的能级？为什么两个电子可以填满一个原子的第一个能级壳层，而填满下一个能级壳层却需要八个电子？当一些科学家在努力理解玻尔原子模型的原理时，另一些科学家却在研究一个不同的问题。这个问题就是光。光是波还是粒子？这个问题一旦解决，就会出现一种新的原子结构，取代玻尔的太阳系原子模型。

爱因斯坦和光的性质

200 多年前，一位名叫托马斯·杨（Thomas Young）的英国人为了确定光的本质，进行了一系列实验。其中最关键的一个实验被称为双缝实验。在本实验中，光通过单缝（或针孔），然后通过双缝。结果形成了明暗交替的条纹图案。这种干涉图样是波的特征，如果光是粒子，就不可能产生这种干涉图样。后来，麦克斯韦的理论将电磁辐射视为波，进一步佐证了杨的结果。因此，20 世纪初，科学家们确信光是一种波。

阿尔伯特·爱因斯坦却是个例外。1905 年，也就是爱因斯坦发表关于布朗运动的论文的同一年，他试图解释光电效应。当电磁辐射击中一种物质（通常是金属板）并使电子脱离时，就会产生这种效应。当辐射是单一波长或单一颜色（单色光）时，科学家观察到的实验结果很难解释光是不是波。例如，当辐射源（光）靠近金属时，光的强度（击打金属表面的波数）增加。这意味着更多的能量撞击在金属板上。而更多的能量应当会产生能量更高的电子。事实上，尽管金属中撞出的电子变多了，但无论光源离金属板有多近，电子的总能量都保持不变。当时的物理学无法解释光电效应的这一点以及其他方面。

研究了普朗克关于黑体辐射的量子本质的推断后，爱因斯

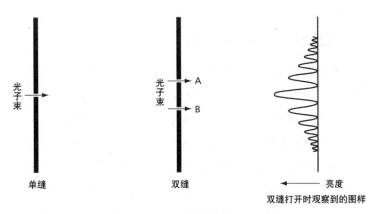

图 1.6 双缝实验

注：在托马斯·杨的双缝实验中，光通过一个狭缝，然后进入两个狭缝，产生的图案证明光以波而不是粒子的形式传播。

坦假设光也是不连续的。它可能以粒子或量子的形式出现，就像黑体发出的电磁辐射一样。他推断，如果光以离散的能的形式出现，那么通过使光源更靠近金属来增加光的亮度，确实会使金属中逸出更多的电子。但是基本粒子（后来被命名为光子）的能量将保持不变。因为光子的能量决定了喷射出的电子的能量，所以这些电子的能量不会改变。这正是科学家们从实验中获得的结果。爱因斯坦解释了光电效应。他还发现了光的量子（或粒子）本质，进一步佐证了马克斯·普朗克最先提出的观点。

尽管如此，双缝实验中的干涉图样清楚地表明光是一种波。爱因斯坦如何使他关于光的粒子性质的结论与双缝实验的结果一致？光有可能既是粒子也是波吗？

爱因斯坦对推广这一革命性的想法持谨慎态度。此外，他还全神贯注于整理出另一套革命性的思想：广义相对论。在弄清了广义相对论之后，爱因斯坦又回到了光和量子力学的问题上，并最终接受了一个难以接受的答案：光具有双重性质——有时它表现得像粒子，有时它表现得像波。

现代原子：越来越奇怪

在物理学家们努力解决光的双重性质这一谜题时，一位名叫路易斯·德布罗意（Louis De Broglie）的年轻的法国人提出了一个更大胆的想法：如果光既可以是波也可以是粒子，为什么电子不能也同时呈现出这两种性质呢？事实上，德布罗意假设从电子到排球的所有物质都表现出波和粒子的特征。但他的方程表明，在那些更大的，大到足以被肉眼看到的物体中，波的特征可以忽略不计。这就是为什么排球的运动轨迹平滑，而不是呈波浪形。但是电子足够小，在它们的运动中波动特征更为明显。德布罗意这一伟大的发现却没能更进一步，一位名叫欧文·薛定谔（Erwin Schrödinger）的天才奥地利物理学家会继续他的未竟事业。

读完德布罗意的论文后不久，薛定谔得出了一个方程，描述了原子中电子的波动行为。波动方程的解中产生了玻尔假设的离散能级。这是物理学家第一次可以严格推导出原子中电子的量子性质。波动方程为量子力学提供了坚实的数学基础。

几年后，物理学家们制造出了德布罗意预测的干涉图样，证明了电子确实具有波动特征。在美国工作的克林顿·戴维森（Clinton Davisson）和他的初级合伙人莱斯特·格尔默（Lester Germer），以及在英国的乔治·汤姆森（George Thomson）做出了这一发现，戴维森和汤姆森也因此共同获得了 1937 年的诺贝尔奖。也许这个奖项比其他任何证据更能体现物质的双重性。乔治·汤姆森是 J.J. 汤姆森的儿子。J.J. 汤姆森因为证明了电子是粒子而获得了诺贝尔奖，他的儿子因为证明电子是波而获得诺贝尔奖。

德布罗意关于物质的波粒本质的洞察对科学家描述原子产生了深远的影响。波动方程的解给人们带来了一种看待原子的新方法。过去人们确信固体电子绕着原子核旋转，现在人们再也不能说电子待在一个固定的地方。原子中的电子可以在任何地方，不过在有些地方的可能性更大一些。

这种性质——原子的现代性质——让人很难接受。电子可以作为波或粒子，它们在原子中的位置由概率决定。原子的量子力学观点似乎很奇怪——因为量子力学很奇怪。但量子力学完美地解释了原子的行为。例如，化学家现在可以利用量子力学来预测原子结合时形成的化学键的性质。

虽然原子是在恒星中形成的，但由化学家之手造出或是经由地质过程、生物演化产生的数百万种原子的组合构成了地球上的一切——从塑料、山峦到树叶，这些令人惊叹的物质有两个共同点：原子和让他们结合在一起的化学键。探索这些原子和化学键的性质是这本书的主题。

第 2 章

电　子

　　在研究化学键方面，莱纳斯·鲍林（Linus
Pauling）是最重要的化学家。鲍林出生于1901
年，他在欧洲学习时，玻尔、德布罗意、爱因斯
坦、薛定谔等人正在研究量子理论。鲍林利用对
他们研究工作的了解，率先将量子力学方法引入
了化学领域。尽管他在很多领域都有贡献（包括
一次不寻常的医学冒险：探索大剂量维生素 C 的
益处），但他最出名的还是化学键方面的研究。

　　鲍林的职业生涯让人惊叹。他担任加州理工
学院化学系主任达 20 年之久，并获得两次诺贝尔
奖。在他的经典教科书《化学键的性质》中，他
解释了人们应该如何研究化学键。"了解原子的
电子结构对于研究分子的电子结构和化学键的性
质是必要的。"化学的核心便是两个或两个以上
原子的电子相互作用形成化学键。所以，正如鲍

图 2.1 莱纳斯·鲍林

注：鲍林是解释了化学键
的伟大科学家。

林所说，要理解化学键，我们必须知道原子中的电子是如何表
现的。

玻尔的原子

早期阶段，尼尔斯·玻尔曾推测电子是在具有固定能量的
量子层中围绕原子核旋转的粒子。他知道氦有两个电子，因为
氦是一个非常稳定的原子，在大多数情况下，它无法获得或失
去电子，于是玻尔得出结论，两个电子占据了最低能级的壳
层，他称之为 $n = 1$。玻尔没有解释为什么两个电子会完全填满
这一能量层；他只是根据已知的氦的性质得出了这一结论。

玻尔假设，比氦重的原子中的电子一定会进入更高能级的
壳层。因此，原子序数为 3 的锂，会有两个电子在 $n = 1$ 的能
级壳层中，而第三个电子必须在 $n = 2$ 的新能级壳层中。

玻尔和其他科学家最初通过将玻尔关于氦的观点推广到其
他稀有气体中得出了填满原子能量层所需的电子数。所有的稀
有气体元素都非常稳定。它们不易与其他物质发生反应，这意
味着它们不容易得到或失去电子。玻尔和其他科学家认为，这
些气体的能级一定是被填满了，所以无法接受更多的电子。今
天，科学家们知道了玻尔和他的同事们是对的。如表 2.1 所示，
各种惰性气体的最低能层完全被填满。

莱纳斯·鲍林和维生素 C 之争

莱纳斯·鲍林因其对化学键的研究于 1954 年获得诺贝尔化学奖。8 年后，他因强烈反对核试验而获得诺贝尔和平奖。他是唯一一个两次独获诺贝尔奖的人。

鲍林是个令人印象深刻的人，身材高大，体态完美。他很自负，思维敏捷，幽默机智。他的传记作者托马斯·海格（Thomas Hager）讲了一个故事，生动地体现了鲍林的这些性格特征。1960 年，加州理工学院的化学教授约格·沃瑟（Jurg Waser）有时会邀请鲍林担任客座讲师。有一天，知道鲍林要来，一些学生在黑板上写道："鲍林是上帝，沃瑟是他的先知。"看到涂鸦后，鲍林顿了一下，然后自然地擦掉了"沃瑟是他的先知"。

鲍林不怕站在非主流立场，他对核试验的激烈抗议就是充分证明。他特立独行的个性使他陷入了职业生涯中最大的一场斗争，斗争主题是维生素 C，而他的反对者是医生们。

1969 年，鲍林开始确信服用比医生推荐剂量大得多的维生素 C 可以预防感冒，医学界强烈抨击他的结论。双方经常引用相同的研究，医生方说，研究表明维生素 C 并不能预防感冒。鲍林却说，不，维生素 C 可以。

鲍林终于厌倦了试图说服医学专业人士相信大剂量维生素 C 的好处，并直接向公众公布了他的案例研究，他的著作《维生素 C 和普通感冒》（Vitamin C and the Common Cold）成了一本畅销书，维生素 C 的销量也随之飙升。然而，他与医生的争论仍在继续，鲍林主张服用大剂量的维生素 C，而医学界对他的想法嗤之以鼻。

尽管早期的尖锐对峙已经不复存在，但辩论仍在继续。2005 年 6 月，科学期刊《公共科学图书馆医学》（PLoS Medicine）发表了一篇论文，总结了科学界对维生素 C 和普通感冒的研究。除了身体承受巨大压力的一些人——例如马拉松运动员和士兵——大多数人都不能从大剂量的维生素 C 中获益。尽管这篇综合性论文包含了 55 项不同的研究，但许多人仍然不相信，鲍林无疑会是其中之一。

表 2.1　惰性气体原子的电子排布

元素	元素原子序数（Z）	能层电子数（n）					
		1	2	3	4	5	6
氦	2	2					
氖	10	2	8				
氩	18	2	8	8			
氪	36	2	8	18	8		
氙	54	2	8	18	18	8	
氡	86	2	8	18	32	18	8

　　玻尔的电子排布是他关于原子的量子本质思想的产物。但玻尔的理论存在一些问题。其中最大的问题是缺乏坚实的科学基础，留下了许多悬而未决的问题：稀有气体能层充满电子有什么独特之处吗？为什么两个电子就能填满 $n=1$ 的电子层？为什么 $n=2$ 时需要 8 个电子？直到薛定谔和他的同事们创造出波动力学，这些问题才得到解答。

量子数

　　求解薛定谔的波动方程得到了一组量子数，共有四个。科学家们现在知道，这些量子数决定了原子中电子的能量和空间分布。第一个是主量子数。主量子数大致相当于玻尔的一个圆形能层。它与电子离原子核的平均距离有关。按照玻尔发现的规则，最低能层的主量子数被称为 $n=1$，下一个是 $n=2$，以此类推，其中 n 可以是任意正整数。

　　n 值越大的电子能量越高，离原子核的平均距离也越远。那些高能电子对于理解化学来说至关重要。这些位于原子最外层的电子是最容易失去或与其他原子共享的电子。因此，它们也是参与化学键的电子。

　　第二个量子数被称为角量子数。它由字母 ℓ 表示，可以看作是主能层中的一个子能层。这个量子数控制着电子的角动量（沿弯曲路径运动的物体的动量），并决定其原子轨道的形状，这表明在原子中可能存在电子。波动方程将角量子数限制为 0 到 $n-1$ 之间的任意正整数。这意味着 $n=2$ 或更大的能层中都有多个亚层。例如，一个主量子数为 4 的能层中将有 4 个亚层。这些亚层中的电子角量子数分别为 $\ell=0$、$\ell=1$、$\ell=2$ 和 $\ell=3$。每个亚层是一个或多个能量相等的轨道的集合。

角量子数由表 2.2 中给出的字母表示。

表 2.2　亚层的字母名称（ℓ）

ℓ 的值	字母
0	s
1	p
2	d
3	f
4	g

辨别轨道数的规则中包括了主能层数。在处于基态（或最低能量态）的氢原子中，电子将占据 $1s$ 轨道，其中 1 指主量子数，s 表示角量子数。如果电子跳到下一个更高的能级，它的轨道将被称为 $2s$，这是 $n=2$ 能层中最稳定的亚层。表 2.3 显示了在原子的前四个主能壳层中哪些轨道是可以存在的。

表 2.3　原子主能壳层（n）中可以存在的轨道

n	ℓ	轨道字母	轨道名称
1	0	s	$1s$
2	0	s	$2s$
	1	p	$2p$
3	0	s	$3s$
	1	p	$3p$
	2	d	$3d$
4	0	s	$4s$
	1	p	$4p$
	2	d	$4d$
	3	f	$4f$

第三个量子数是磁量子数，通常表示为 m_ℓ。沿着弯曲路径运动的粒子具有角动量。如果粒子带电（就像电子一样），它就会产生磁场。因为电子的角动量是量子化的，所以它的磁场也是量子化的。此量子数的允许值范围为 $-\ell$ 至 $+\ell$。前四个量子数可能值的汇总在表 2.4 中。

表 2.4　氢原子中前四级轨道的量子数

主量子数（n）（表示能层）	角量子数（ℓ）（表示亚层）	轨道形状命名	磁量子数（m_ℓ）	轨道数
1	0	$1s$	0	1
2	0	$2s$	0	1
	1	$2p$	$-1, 0, +1$	3
3	0	$3s$	0	1
	1	$3p$	$-1, 0, +1$	3
	2	$3d$	$-2, -1, 0, +1, +2$	5
4	0	$4s$	0	1
	1	$4p$	$-1, 0, +1$	3
	2	$4d$	$-2, -1, 0, +1, +2$	5
	3	$4f$	$-3, -2, -1, 0, +1, +2, +3$	7
量子数范围				
$n = 1, 2, 3\cdots$	$\ell = 0, 1, \cdots (n-1)$		$m_\ell = -\ell\cdots, 0, \cdots+\ell$	

磁量子数决定了 s 轨道、p 轨道、d 轨道和 f 轨道在空间中的方位。前三个 s 轨道的形状如图 2.2 所示。

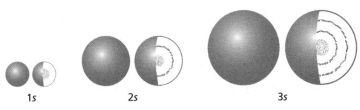

1s　　2s　　3s

图 2.2　前三个 s 轨道的形状

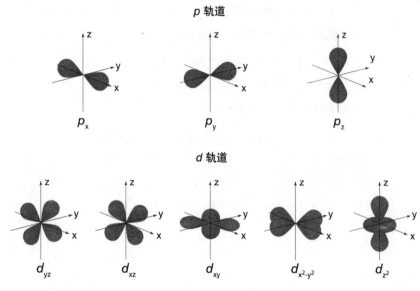

图 2.3　2p 和 3d 轨道

轨道是球形的，较低能量的轨道嵌在较高能量的轨道内。图 2.3 展示了 p 和 d 轨道。p 轨道是哑铃形的，四个 d 轨道中三个都有四个叶状区域。轨道形状代表电子排布概率。阴影区域是最有可能找到电子的区域。

最后一个量子数是为了解开一个谜团而提出的。发射光谱学测量出了原子中的电子从较高能态下降到较低能态时所发射的电磁辐射的波长。光谱学家注意到，虽然理论预测应该只存在一条谱线，但是有一些谱线分裂成两条谱线。这就需要提出一个新的量子性质和量子数来解释光谱分裂。当时，人们认为电子是粒子，科学家称这种新属性为自旋，通常用 m_s 来表示自旋量子数。自旋量子数只能有两个可能的值，+1/2 或 −1/2。通常用向上或向下指向的箭头来描述它。

自旋量子数带来了一个问题。量子数代表了原子的哪些物理特性？由于量子数产生的方式，这个问题没有明确的答案。

关于玻尔原子的量子数被首次提出时，电子被认为是绕原子核运动的带负电荷的粒子。主能量子数对应玻尔原子能层中电子的平均能量。角量子数与电子在椭圆轨道上的角动量有关，这并不奇怪。磁量子数与电子在磁场中的行为有关。自旋可以被想象成一个电子绕着自己的轴旋转。

当波理论取代玻尔关于原子的早期思想，成为亚原子世界更准确的描述之后，量子数的意义就变得不那么确定了。波真的能绕自己的轴旋转吗？当然不是。虽然把量子数视作赋予了电子具体的物理特性有时是有用的，但量子特性与人类世界中的寻常事物的关系是模糊的。因此，电子自旋没有通常的物理意义。电子不会像陀螺或其他东西那样自旋。

建立原子结构

主量子数确定了一个能层中电子的平均能量。但是主能层中不同亚层的电子能量是不一样的。在 $n = 3$ 能层中，$3s$、$3p$ 和 $3d$ 亚层中每个电子的能量都略有不同。为了理解原子及其形成的化学键，我们有必要了解其中原因。

一个氦原子有两个质子和两个电子，每一个都是氢原子中的两倍。由于正电荷吸引负电荷，氦原子核对电子的作用力应该是氢的两倍。这意味着从氦原子中移去一个电子的难度应该是从氢原子中移去一个电子的难度的两倍。但事实并非如此。从氦原子中移去一个电子消耗的能量不是氢原子的 2 倍，而是1.9 倍左右。

由于电子之间互相排斥，从氦原子中取出一个电子所需的能量比预期的要少。氦原子核对电子的引力确实是氢原子核的两倍，但氦中的两个电子也在互相排斥，所以电子之间排斥的净效应使多电子原子中的电子比预期的更容易移去。

由于电子之间的排斥力，原子轨道的能级顺序有一些令人

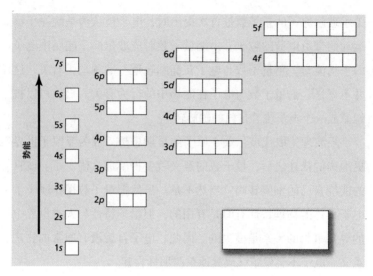

图 2.4　原子轨道的能级

注：d 轨道和 f 轨道的能量均随其电子占据情况而变化。

惊讶的地方。图 2.4 是这些能级的图表。在某些情况下，较低主能级的外轨道电子的能量大于较高主能级的内轨道电子的能量。例如，$4d$ 轨道中的电子比 $5s$ 轨道中的电子具有更高的能量。这出乎我们的意料。这是因为 $4d$ 轨道上的电子深入到了离原子核更近的地方，并被更内层的 s 轨道上的电子排斥。因此，从 $4d$ 轨道移走一个电子所需的能量比从 $5s$ 轨道移走一个电子所需的能量要少。

　　了解了轨道的能级，计算元素的电子排布就有可能了，从最轻的原子开始，再计算较重的原子。最轻的原子是氢，有一个质子和一个电子。那么，电子应该进入哪个轨道呢？答案当然是第一个电子应该进入 $1s$ 轨道。但是为什么呢？为什么不是 $2s$ 或 $3p$ 轨道？答案来自尼尔斯·玻尔在 20 世纪 20 年代提出的一项规则，也就是所谓的能量最低原理。这个原理是预测元素的电子排布所需要的三条规则中的第一条。简单地说，就是能量较低的轨道先被填满。从图 2.2 可以看出，1s 轨道的能量最低。因此，第一个电子必须在这里。氦是第二轻的元素，有两个电子。根据能量最低原理，它们也会进入 1s 轨道。

下一个元素是有三个电子的锂。但是第三个电子不在 1s 轨道上，其不在的原因是由于这三条规则中的第二条规则，也是量子力学中最重要的规则之一。这个规则是由 1945 年诺贝尔奖得主沃尔夫冈·泡利（Wolfgang Pauli）提出的。在他提出这一规则 20 年后，诺贝尔奖才姗姗来迟，这使他终于能够和他的同事——玻尔、德布罗意、爱因斯坦和薛定谔——一起成为诺贝尔奖得主。泡利提出的规则被称为泡利不相容原理，这一原理使得量子数在理解原子方面变得至关重要。

泡利不相容原理指出，一个原子中没有两个电子具有相同的量子数。每个电子的量子态都不同。因此，原子中的电子具有不同的能量。1s 轨道的允许数如下：$n = 1$，$\ell = 0$，$m_\ell = 0$，$m_s = +1/2$ 或 $-1/2$。除了自旋量子数有两种可能的情况，所有这些数只能有一个值。因此，不相容原理限制了 1s 轨道上只能有两个自旋相反的电子，在 1s 轨道上的第三个电子的量子数必定会与已经在轨道上的一个电子的量子数相同。因此，锂需要的第三个电子必须进入下一个高能量层，也就是 2s 轨道。关于曾经让科学家如此困惑的玻尔原子的问题——为什么两个电子能完全填满氦的最低能层——现在得到了答案。最低能层只有两个电子，因为来自薛定谔方程的量子数和泡利原理要求它必须如此。

到碳原子时，决定原子的电子排布的最后一个难题就出现了。碳有 6 个电子。为了形成这个原子，前两个电子进入 1s 轨道，第二对电子进入 2s 轨道。第五个电子必须进入 2p 轨道。但是第六个电子应该进入已经被第五个电子占据的 p 轨道还是进入一个没有电子占据的轨道？

这个问题的答案以及生成所有原子的电子排布所需的最后一条规则来自一位名叫弗里德里希·洪特（Friedrich Hund，1896—1997）的德国科学家。洪特规则指出，总自旋态高的原子比自旋态低的原子更稳定。因为自旋相反的电子可以相互抵消，所以如果有可能 p 轨道（和 s 轨道以外的轨道）中的电子会保持不配对的状态。因此，p 亚层中的两个电子（或三个）也将保持不配对的状态。所以，碳 12 的第 6 个电子一定和第 5 个电子有相同的自旋。泡利不相容原理要求它填充一个空的 p 轨道。

知道了这三个定律——能量最低原理、泡利不相容原理和洪特规则——以及图 2.4 所示轨道的能级，就有可能预测大多数原子的电子排布。这些电子排布是解开化学键秘密的关键之一。

化学家首先确定主量子数，然后是轨道，最后用上标表示该轨道上的电子数，从而写出电子排布。因此，氢原子的电子排布应该是 $1s^1$。碳 12 是 $1s^2 2s^2 2p^2$。

原子序数越高，电子排布越复杂。最外层的电子最先填入哪个轨道这个问题有时不是那么简单。例如，在某些情况下，对自旋的考虑会越过正常的轨道填充顺序。不过，幸运的是，大多数原子的电子排布遵循正常的顺序。了解这些电子排布有助于化学家理解为什么元素这样表现。但早在玻尔和他的同事提出原子的现代概念之前，化学家已经想出另一种预测元素属性的方法。它被称为元素周期表。

元素周期表

在没有什么指导的情况下，化学家们只能依靠来之不易的实验室经验，到 1869 年，他们已经发现了 60 多种元素。但是他们没有找到有效排列它们的方式，没有可以确定元素之间关系的体系。元素有顺序吗？这个问题难倒了世界上最优秀的化学家，直到俄罗斯科学家德米特里·门捷列夫（Dmitri Mendeleyev）解决了这个问题。他的灵光一现不是在他的实验室里，而是在他的床上。"我在梦中看到，"他写道，"一张桌子，所有的元素都按要求就位。"这样的排列成为了第一个元素周期表，后来化学元素周期表几乎装点了地球上每一个化学教室和每一本化学教科书。

利用元素周期表，门捷列夫能够预测尚未发现的元素的存在和性质。例如，他认为有一种未被发现的元素应该位于硅和锡之间。1880年，一位德国化学家分离出一种新元素，并把它命名为锗，这种元素的性质与门捷列夫预测的几乎完全相同。

门捷列夫周期表概念的核心在于他坚信元素的性质是随着其原子质量而周期变化的。然而，现在大多数元素周期表都是按原子序数排序的。虽然原子序数与原子质量密切相关，但原子序数更能显示元素的周期性，因为它们等于原子中的电子数，而电子数决定着元素的化学性质。元素周期表并不像波动方程那样是一个严谨的数学表达式。从周期表中提取的信息不如波动方程的解精确。这是因为每一族中所含的元素物理和化学性质相似，但不完全相同。这一布局使得每一族和每一周期中的元素之间的关系显而易见。它还提供了工作中的化学家和学生需要的元素的基本信息：符号、原子序数和原子质量。

电离能

元素周期表阐明了一个重要关系，那就是原子序数和电离能之间的关系。从原子中移去一个或多个电子，就得到一个离子。从气态原子中移去电子所需要的能量叫它的电离能。第一电离能是指从原子中移除能量最高的电子所需的能量，这个电子是与原子核结合最不紧密的电子。第二电离能是在第一个电子消失后，移除原子中剩余的能量最大的电子所需要的能量，依此类推。

在元素周期表中，第一电离能通常从左向右递增，因为增加的核电荷会把电子抓得更紧。第一电离能也会从族的顶部到底部逐渐降低，因为增加的核电荷被更高的主能级和增加的电子斥力抵消了。

电离能是原子在化学反应中表现的重要指标。第一电离能低的原子，如钾原子，很容易失去一个电子。这意味着它们很容易形成正离子。另一方面，碳的第一电离能是钾的三倍，所以它很难失去电子。第一电离能的差异对这两种元素形成的化合物的化学性质产生了巨大的影响。

钾与氯发生剧烈反应，形成氯化钾——一种白色的、水溶性的晶体物质，可用于化肥生产，是其同类物质氯化钠或食盐的无钠替代品。但碳与氯结合会形成四氯化碳，这种反应产物是一种无色液体，曾用于灭火器。它不溶于水，是有毒的，所以不要在你的食物上撒这种不含钠的氯化物。虽然这两种化合物都是氯化物，但四氯化碳与氯化钾的区别就像白天和黑夜一样。一个原因便是钾和碳的电离能有很大的不同。这种差异决定了原子间形成的键的类型，并强烈地影响化学反应得到的化合物的性质。

电离能最低的元素在元素周期表的第 1 族。这些是碱金属，它们都很容易失去一个电子。电离能最高的元素在第 18 族。这些是惰性气体，它们的能层充满了电子，很难失去或得到电子。除了稀有气体外，对电子吸引力最大的元素是它们在第 17 族中的邻居，它们被称为卤素。两个最容易发生反应和交换电子的元素是元素周期表左下方的铯和卤素族顶端的氟。铯想要失去一个电子，而氟非常想要得到一个电子。因此，铯和氟结合在一起，结果就是化学家们所说的"剧烈反应"。其他人可能会称之为爆炸。

　　本书的前两章仅仅研究了原子的特性。这是一个良好的开端，但在我们了解不同类型的化学键之前，我们必须了解原子如何结合以及它们在分子中的表现。下一章将探讨这两个主题。

第 3 章

原子的结合

化学是研究元素和元素相互结合形成的化合物的学科。前两章单独讨论了原子的性质。本章将探讨原子与其他原子相互作用时会发生什么。它还将介绍化学更实用的方面。虽然量子力学对于理解化学反应和化学键至关重要，但早在薛定谔提出波动论之前，人们就已经在享受化学的成果了。想想下列化学式：

$$C_6H_{12}O_6 \xrightarrow{\text{酶}} 2\,C_2H_5OH + 2\,CO_2$$

这个等式是描述在葡萄和其他物质中发现的一种糖（葡萄糖）发酵反应的一种简写方法，葡萄糖发酵后形成二氧化碳和乙醇，而乙醇是葡萄酒和啤酒中令人喝醉的成分。除了将木材氧化来生火之外，可能再没有其他的化学反应被人类故意引发了这么久。

谁也不知道这个富有想象力的人是谁，他无意中想到了用葡萄发酵来酿酒，但人们使用他的发现至少已有 7 000 年。然而，直到 20 世纪，人们才完全了解这个方程式所概括的复杂化学原理。1907 年，诺贝尔化学奖颁给了德国人爱德华·比希纳（Eduard Buchner），因为他证明了发酵所需的催化剂是酵母中的一种酶，而不是之前认为的活酵母细胞本身。

那些早期、原始的酿酒师和今天的高科技发酵专家之间隔着很多化学知识。这些知识带给我们的不仅仅是口感更好的葡萄酒。我们对物质如何结合在一起的理解不断加深，这催生了现代化学产业，现代化学产业中生产出的材料组成了我们日常生活中使用的几乎所有东西——从牙膏和肥皂到摩天大楼和喷气式飞机。

约翰·道尔顿（John Dalton）是英国农民和纺织工的后代，他最早采取了一些措施，使偶然发酵转变成现代化学成为可能。

道尔顿的原子理论

约翰·道尔顿是个坚定的贵格会教徒。因为贵格会教徒被禁止上大学，所以他们建立了自己的学校，道尔顿就是其中一名学生。这些所谓的异议学会都是好学校，人们认为它们比当时英国大多数其他学校都要好。无论如何，对于任何像道尔顿这样生于 1766 年的人来说，只要接受了教育，他就具有了巨大的优势。每两百名英国公民中只有不到一人具有阅读能力。

从一开始，道尔顿就显示出了学术上的潜力。12 岁时，他开始在学校教书，这将是他毕生追求的职业。在课余时间，他工作、思考和做估算。但是，他是如何发展出他最重要的理论——原子理论的呢？在伊丽莎白·帕特森（Elizabeth Patterson）的传记《约翰·道尔顿与原子理论》（*John Dalton* and the Atomic Theory）中，她叙述了关于道尔顿产生他最伟大思想的这一段混乱历史。"关于道尔顿通往原子理论的确切途径，一个多世纪以来一直存在激烈的争论。他自己的回忆令人困惑，后来他的朋友们所提供的报告在重要细节上都有所不同……"

图 3.1　原子理论的早期拥护者——约翰·道尔顿

可以肯定的是，到了 1803 年，道尔已经在发展他的原子概念上取得了重大进展。一篇报纸文章中曾引用他的话，话中记录了日期："氧化亚氮是由两个氮粒子和一个氧粒子组成的。这是我最早提出的原子之一。经过长期耐心的考虑和推理，我在 1803 年确定了这个结论。从那时起，化学开始呈现出新的面貌。"

事实上，在道尔顿提出了原子理论之后，化学确实呈现出了新的面貌。这些定律无疑是现代化学看似简单却深刻的基础。

1. 元素是由称为原子的不可分割的粒子组成的。

2. 同一元素的所有原子都是相同的，具有相同的质量和性质。不同元素的原子有不同的质量和性质。（道尔顿在这里有一点理解偏差。他不知道同位素的存在，同位素是同一种元素的不同形式，由于它们的原子核中中子的数量不同，所以它们的质量略有不同。）

3. 当两个或两个以上的原子结合时，化合物就形成了。化合物中的元素按整数比例结合；一个 A 原子加上一个 B 原子得到化合物 AB。一个 A 原子加上两个 C 原子得到 AC_2，依此类推。

道尔顿的科学贡献并不局限于原子理论。他还提出了水蒸气分压的概念，并在热动说领域做出了重要的工作。1844年，在他长期居住的英国曼彻斯特的家中，四万人参加了这位低调的教师和研究学者的葬礼。

道尔顿的理论是革命性的。首先，他的理论明确地指出原子是存在的。理论宣称相同元素的原子具有相同的性质。最后，他还给出了化合物的正确定义。虽然约翰·道尔顿的实用原子理论和欧文·薛定谔的优雅的数学波动方程本质上是截然不同的，但它们共同构成了化学历史上最伟大的两次飞跃。

化合价

道尔顿的理论告诉了科学家们很多关于化学世界的知识，但是还需要另一个关键的概念来使这些理论更加有用。道尔顿宣称，原子以固定的比例组合：1:1、1:2、1:3、2:3，依此类推。19世纪，化学家们面临的一个大问题便是弄清楚是什么决定了化合物中每种元素的比例。

这个问题的部分答案来自一个已经存在了很长时间的概念——化合价。从历史上看，化合价与元素之间相互结合的吸引程度，也就是它们的结合力有关。道尔顿对氢和氧的原子量进行了粗略的（而且是不准确的）估算，得出的结论是水分子是由一个氧原子和一个氢原子组成的，这意味着这两种元素的化合价都是1。19世纪中叶，道尔顿的错误得到了纠正，人们知道了水分子式为 H_2O，所以氧便被认为是二价的，因为它和两个氢原子结合。

门捷列夫认为化合价是原子的一个基本性质，他用化合价来构造元素周期表。第1族元素的化合价都是1。第2族元素的化合价是2。随着时间的推移，化合价的含义变成了一个原子可以形成的键数。虽然这种表征原子的方法对早期化学家很有用，但在发现电子之前，人们对它的了解还很有限。很明显，一个原子的化合价与它在化学反应中得到或失去的电子数有关。因为原子最外层或能量最大的电子层中的电子参与了化学反应，所以这些电子就被称为价电子。当氧与氢反应生成水时，氧与两个氢原子共用两个电子。这就解释了为什么氧的化合价是2，而氢的化合价是1。然而，它并没有解释为什么氧不会得到3个或1个电子。

直到元素的电子排布被确定之后，这一答案才得以揭晓。接着化合价的定义成了一个原子要得到与最稳定元素（惰性气体）尽可能相似的最外层，必须失去、得到或共用的电子数。

因为所有稀有气体的最外层都有8个电子，所以化学家们提出了八隅体规则。这条规则表明，当原子发生化学反应时，它们倾向于以一种方式进行反应，使得生成的化合物中原子的外层能层都有8个电子，即使它们必须共用其中的一些电子。八隅体规则与形成化合物的量子力学方法相比并不复杂，不过也有例外。例如，具有奇数个价电子的化合物，如二氧化氮（NO_2），有17个价电子，分布在3个原子上，它们不会——也不能——遵守八隅体规则。但是NO_2是稳定的化合物。尽管有这些异常现象，八隅体规则仍然是化学家用来预测化学反应过程的简单而有力的工具。

玻尔的量子化原子对道尔顿定比定律进行了更深入的解释。它还明确指出，元素的周期性源于它们的电子排布。通常用来表示电子排布的符号系统是以稀有气体为基础的。稀有气体的电子排布在前一章的表2.1中有列出。最轻的惰性气体是氦。因此，下一个较重的元素锂的电子排布被写为 [He] $2s^1$。这意味着锂的电子排布和氦的一样，只是在$2s$轨道上多了一个电子。原子序数42的钼的电子排布是 [Kr] $5s^1 4d^5$。因此，钼具有氪原子的电子排布，5s 轨道上有 1 个电子，4d 轨道上有 5 个电子。所有元素的电子排布都可以在附录中找到。

电负性

电负性是元素的周期性特征，它几乎与电离能完全相反。电离能衡量从原子中移去一个电子有多难，而电负性衡量原子吸引电子的倾向。然而，这两个数字得出的性质也不同。电离能是独立气态原子的一种特性。电负性是一个原子与另一个原子成化学键时的性质。

像化合价一样，电负性的概念已经存在很长时间了。但直到 1932 年，莱纳斯·鲍林才发明了一种量化元素电负性的方法，电负性是一个特别有用的概念。鲍林的方法是根据键离解能推导出无量纲量。他给电负性最强的氟元素赋值 3.98。大多数关于电负性的表格（包括这本书中的表格）都把这个数字四舍五入到 4。然后，鲍林根据氟的这个值计算出其他元素的电负性。

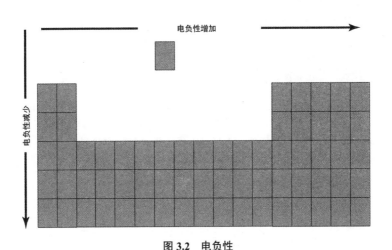

图 3.2 电负性

注：电负性一般在同一族中自上而下减少，在同一周期中从左到右增加。

同一族中元素的电负性自上而下减少，而通常在横列（或周期）中从左到右增加。电负性较高的原子紧紧地抓住电子；值低的原子很容易失去电子。铯的电负性最小，为 0.82；除了稀有气体外，氟的电负性最大，为 4.0。这就是这两种元素——一种非常想要一个电子，另一种很乐意失去一个电子——反应如此剧烈的原因。

在化合物中通过化学反应结合的两种元素的电负性的差异决定了它们之间化学键的性质。两种电负性相似的元素结合

化学拟人化

拟人化是指将非人类的事物或抽象概念赋予人类的特征和行为。一家宠物店里，店员告诉顾客，他观察的那只把头缩进壳里的乌龟很"害羞"。当然，乌龟的头是缩回来的，但店员怎么知道它害羞呢？也许把它的头缩回来只是乌龟的行为，根本没有什么意义。谁知道呢？乌龟也不会说话。但你不一定要在宠物店工作才会拟人化。科普作家也会这么做。

思考一个近在咫尺的例子，本章中出现了这个句子："……氟想抓住一个电子来填满它的最外层轨道，而铯几乎无法抓住它最外层轨道上的一个电子。"等一下。氟真的"想"抓住电子吗？氟原子真的能"想要"东西吗？

很明显，答案是否定的。原子和分子不是有知觉的生物。他们什么都不想要。那么，为什么氟和铯会发生反应呢？答案就在这句简单的话中：所有体系都寻求达到最小的自由能。

铯和氟发生反应是因为氟化铯分子中包含的自由能小于两个独立原子的自由能。当这两种元素结合时，大部分能量差以热能的形式释放出来，产生了前面提到的"剧烈反应"。大多数科学家和科普作家都深谙其中原理，所以对拟人化语言的使用非常审慎，之所以使用，是因为拟人化的表达更加丰富生动。"希望夺取"比较具体和易记，相比之下，"铯和氟反应是因为反应产物的自由能低于反应物"的表述则更为笼统。但是学生和作家都必须记住后者才是真正驱动化学反应的原因。

时，它们倾向于共用电子。例如，在氧氧键中，当原子的电负性相同时，两个原子将平分两个价电子。这种键叫共价键。

其他元素，如碳和氯，具有相似但不完全相同的电负性，可以形成类共价键。但在电负性不同的元素之间，价电子会更靠近电负性更高的原子。在氟化铯的例子中，氟原子想要抓住一个电子来填满它的最外层轨道，而铯原子很难抓住它最外层轨道上的一个电子。两者结合时，电子就不会共享，而是从铯转移到氟，这样形成的键叫离子键。比较氯化钾与四氯化碳时，两个原子间的化学键性质——氯化钾中的离子键或四氯化碳中的共价键——在决定化合物性质方面起着重要作用。离子键和共价键都将在接下来的章节中进行深入讨论。

第 4 章

离子键

现在让我们回到第一章中关于钠、氯和氯化钠性质的问题。这三种物质还能变得更加不同吗？一种活性很强的银色金属与一种有毒的淡黄色气体如何结合在一起，形成一种名为食盐的白色晶体？一种熔点为 98 ℃的元素如何与另一种熔点为 –101 ℃的元素结合，形成一种熔点为 801 ℃的化合物？它的熔点可远远高于组成它的两种元素的熔点。

显然，当钠和氯结合时，形成的物质与钠或氯完全不同。更有趣的是，氯化钠的性质并不是钠和氯性质的平均值。更准确地说，由这两种元素构成的化合物既不像元素本身，也不像它们之间的某种平均值。钠和氯结合会形成一种全新的物质。

为什么会这样呢？把红色和黄色颜料混合在

一起，就得到了两种颜色的混合——橙色。将 10 克铁球与 10 克铝球混合均匀，分成两堆，结果也会如人们所预料的那样：每一堆是大约 5 克铁和 5 克铝的混合物。为什么结合的原子表现得不同于颜色或金属球？

答案在于原子的性质。原子的化学结合改变了原子本身。独立的原子和化合物中的原子有不同的性质。改变原子的是它们之间的化学键。在很大程度上，化合物中原子的电负性决定了所形成的键的类型。电负性高的原子（如氯）比电负性低的原子（如钠）更能紧紧地抓住电子。因此，当钠和氯结合时，钠的 $3s$ 轨道上的电子移向氯，填满了氯的 $3p$ 轨道。

这种电子迁移使两个原子处于稳定的低能电子排布状态。它们的外层都有 8 个电子，和我们的老朋友——非常稳定的稀有气体一样。

电子迁移极大地改变了失去或获得电子的原子的性质。事实上，它们不再被称为原子，而是被称为离子。

$$Na（原子）\rightarrow Na^+（ion）+ e^-$$
$$Cl（离子）+ e^- \rightarrow Cl^-（ion）$$

将这两个方程式结合在一起会得到：

$$Na + Cl \rightarrow Na^+ + Cl^-$$

在电解系统中，电流在两极之间流动，带正电的钠离子会移动到带负电的阴极。正因为如此，带正电荷的离子被称为阳离子。带负电荷的离子会移动到带正电的那一极（或叫阳极），它们被称为阴离子。

库仑定律

离子的形成解释了为什么有毒气体与一种高度活性的金属结合形成白色的晶体物质，即食盐。在帮助化学家理解为什么离子和原子的表现如此不同的方面，法国物理学家查利·奥古斯丁·库仑（Charles-Augustin de Coulomb，1736—1806）做出了巨大贡献。这始于库仑的一项发明，一种经过极大改进的、极为灵敏的扭力天平（见图4.1）。

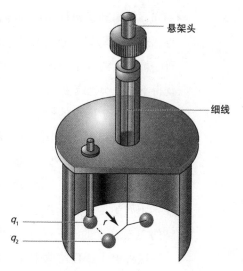

图 4.1 库伦的扭矩

注：在这个装置中，两个带电的木髓球互相排斥。库仑利用这个装置提出了一个用以确定两个带电物体之间斥力的定律。在这个图中，q_1 和 q_2 表示每个木髓球上电荷的大小，r 表示两个木髓球之间的距离。

库仑使装置中的木髓球带上了静电荷。第一个带电球被固定在原处，第二个带电球被连接在一根悬挂在细线或金属丝上的横杆上。当这两个球带有同种电荷时，它们互相排斥。斥力是通过两个球之间的距离来测量的，此刻两个球处在扭曲细线中的拉力与两个球之间斥力相等的位置。利用这个操作困难但反应灵敏的仪器，库仑提出了现在以他的名字命名的定律：

$$F = K \cdot q_1 q_2 / r^2$$

在这个方程中，F 是两个带电物体之间的斥力（如果两个物体带相反的电荷，那么 F 是引力）；q_1 和 q_2 表示物体上电荷的大小；r 是两个物体之间的距离；k 是静电常数。决定离子键强度的重要变量是 r，即两个带电物体之间的距离。

r 越小，两个带电物体之间的力越大。而且，由于化学键中离子之间的距离确实很小，所以将带相反电荷的离子 Na^+ 和 Cl^- 结合在一起的力很大。

晶体盐中的正离子和负离子距离到底有多近？科学家们测量了它们之间的距离。它们的中心距为 0.000 000 023 6 米（0.236 纳米）。它们之间的距离之所以没有更近，是因为带相反电荷的离子之间的吸引力被两个离子的电子云之间的斥力平衡了。因此，离子晶体中的引力和斥力都受库仑定律支配。

库仑定律的方程类似于艾萨克·牛顿用来计算两个物体之间引力的平方反比定律。

$$F = \frac{GM_1M_2}{r^2}$$

然而，两个带电粒子之间的静电引力比地心引力强数万亿倍。回想一下，正是氢原子中质子和电子之间强烈的静电吸引使得玻尔最初的原子图"不可能存在"，并引出了原子的量子理论。

氯化钠中离子键的强度来自钠离子和氯离子之间的静电吸引力。这些强化学键解释了为什么氯化钠的性质与其组成元素的性质如此不同。如表 4.1 所示，氯化钠的熔点远高于钠或氯的熔点。氯化钠晶体中紧密结合的离子意味着，离子要获得足

表 4.1　钠、氯和氯化钠的特性

	钠	氯	氯化钠
符号	Na	Cl	NaCl
摩尔质量（g/mol）	23.0	35.4	58.4
外观（元素类型或物质状态）	银色（金属）	黄绿色（气体）	白色晶体（固态）
熔点 ℃ ℉	98 208	−101 −151	801 1 474
25 ℃水中的溶解度（g/100 mL）	剧烈反应	0.4	35.9
电负性	1.0	3.0	不适用
电子排布	[Ne]$3s^1$	[Ne]$3s^2 3p^5$	不适用

够的动能逃离刚性晶体结构，必须达到相当高的温度。然而，钠和氯是由电中性的原子组成的。因为没有离子键，它们的熔点也低得多。

盐（以及其他原子被离子键锁定在晶体结构中的物质）的一个特性是，单个氯

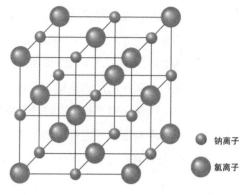

钠离子

氯离子

图 4.2　氯化钠离子晶格

木髓球？什么是木髓？

木髓是大多数植物茎中心的海绵状物质。由于干髓重量轻，容易带电荷，长期以来一直用于静电研究和证明库仑定律。（然而现如今，木髓在很大程度上已被现代世界随处可见的轻质塑料包装材料所取代。）一场典型的课堂演示中，在两个木髓球上各绑一根细绳，并将其悬挂在支架上。用一块丝布摩擦玻璃棒。丝布从玻璃棒上带走电子，使玻璃棒带正电。用玻璃棒触碰木髓球，正电荷转移到木髓球上，木髓球会相互排斥并分开。

要想知道木髓更有魅力的用途，可以看一部以非洲探险家或大型动物狩猎者为主角的黑白老电影。在这些电影中，丛林中漫步的男男女女几乎无一例外都戴着一顶奇怪的帽子，叫木髓头盔。19 世纪中叶发展起来的木髓头盔很轻便，可以遮阳挡雨。几十年后，木髓被更耐用的软木所取代，尽管帽子上没有了木髓，这一名字却得以保留。虽然木髓头盔本身已不那么流行了，它们仍然可以在昔日黑白电影中的丛林中跋涉的勇敢探险家的头上看到。

图 4.3　头戴木髓头盔的探险家

化钠分子在室温下不存在。真正存在的是一种由带相反电荷的离子构成的晶格，这种晶格是由离子之间的强静电引力结合在一起的晶体。

氯化钠之外的化学键

化合物中两个原子之间的电负性差异决定了它们之间的键类型。例如，在氯氯键中，由于这两个原子在电负性上没有差异，共享电子会形成一个纯共价键。然而，若是氯与钠，它们的电负性差则相当大，为 2.0。这意味着钠可以将其最外层的电子完全送给氯原子，形成离子键，从而达到更稳定、更低能量的状态。

在纯共价键和纯离子键之间有一个中间状态的化学键，叫极性共价键。下一章会讨论它和纯共价键。

大多数元素之间都能形成具有一些共价性的键。但是，当第 1 族碱金属与第 17 族卤素反应时，结果通常是强离子键。这是因为碱金属很容易失去一个电子，而卤素则很想要获得一个电子。但并不是所有的碱金属卤化物都会形成纯离子键。

例如，碘化锂是一种白色结晶盐，可溶于水，类似于氯化钠。但是它的熔点是 350 ℃，比氯化钠的熔点低很多。此外，碘化锂在某些有机溶剂中会溶解，而像氯化钠这样通过离子键结合的物质则不会溶解。

锂碘键可以看作是具有一些共价性的离子键。

碱土金属的一些卤化物也有类似的特性。氯化钙和氯化镁的熔点几乎和氯化钠一样高。

这些化合物显然是由离子键结合在一起的。另一方面，氯化铍的熔点只有氯化钠的一半。它的沸点是 520 ℃，而氯化钠是 1 465 ℃。它们的这些特性差异是由铍和氯之间形成的部分共价键造成的。

幸运的是，化学家不必记住化合物有没有离子键。一个简单的经验法则就可以帮助他们判断两个原子之间形成的键的类型，所需要的就是一个电负性表，比如前一章的表3.2。经验表明，当两个原子之间电负性差大于等于1.7时，化学键可能是离子键。（这是一个非常粗略的经验法则；一些化学家认为高达2.0的电负性差才能区分离子键和共价键。）小于1.7的电负性差会使化学键具有一些共价特征。表4.2显示了所选原子之间的电负性差异，并给出了它们之间形成的化学键的性质。

表 4.2　键极性

化学键	电负性差	化学键类型
H–H	0	共价键
Cl–Cl	0	共价键
C–H	0.4	弱极性共价键
O–H	1.4	极性共价键
Li–I	1.5	强极性共价键
Be–Cl	1.5	强极性共价键
Mg–Cl	1.7	离子键
Ca–Cl	2.0	离子键
Na–Cl	2.0	离子键

有了电负性表，确定两个原子之间的键的离子或共价性质只是一个简单的减法问题。然而，仅知道原子的电负性对于了解化学键来说是远远不够的。

下一章将介绍其他几种化学键。

第 5 章

共享电子：共价键

离子键易于进行可视化。一个（或多个）电子从 A 原子移动到 B 原子，A 带一个正电荷，B 带一个负电荷。由此产生的离子晶格是由静电力结合在一起的，静电力的强度由库仑定律决定。而共价键种类更多，也更复杂。

路易斯点结构

具有类似电负性的原子之间会形成共价键。在由共价键结合的化合物中，电子不像在离子键中那样从一个原子迁移到另一个原子。相反，它们由分子中的原子共享。加州大学伯克利分校的化学家吉尔伯特·路易斯（Gilbert Lewis）提出了一种形象化的方法。他对分子键的表示方法叫路易斯点结构，在这些结构中用点表示元素或分子的价电子。

吉尔伯特·牛顿·路易斯（1875—1946）

虽然大多数化学生都知道路易斯点结构，但很少有人了解这些点结构的发明者，能指出他对价键理论做出了最重要的贡献的人更是寥寥无几。

路易斯是一位出色的学生，24岁就获得了哈佛大学的博士学位。他在麻省理工学院教了一段时间的书，1912年西迁到伯克利，在加州大学担任化学系主任直至去世。

路易斯的研究内容广泛而出色，发表了关于化学键、酸碱理论和热力学的重要论文。他对如何建设化学系也有坚定的理念，然而，他的教育哲学不是平等主义。杰出化学家杰拉尔德·布兰奇（Gerald Branch）在《化学教育杂志》（*Journal of Chemical Education*）上阐述了路易斯的思想："如果一个化学家要对世界有用，他就应该有一个卓越的头脑……系里（应该）把时间和精力用在优秀学生身上，而不是普通学生身上。"尽管路易斯因其教育化学家的方法过于强硬而受到批评，但他建立的部门实力强劲，培养了几位诺贝尔奖获得者。

图5.1 吉尔伯特·路易斯

路易斯本人从未获得过诺贝尔奖，不过他的许多同事认为他应该获得诺贝尔奖，因为他在价键理论方面做出了许多贡献。他的关键洞见出现在1916年，此时距离J. J.汤姆森发现电子还不到20年。化学键大师莱纳斯·鲍林总结了路易斯最重要的贡献，他说："那就是化学键是由两个原子共同拥有的一对电子组成的。"

路易斯在20世纪早期就构想出了这些代表性的结构，那时化学家们仍然认为电子是绕着原子核旋转的微小物体。虽然原子的波动图已经取代了太阳系原子结构，但路易斯结构仍然有助于想象和理解化学反应。

氢、氧和水的路易斯点结构如下所示。

$$2\ \text{H}\circ\ +\ :\overset{\textstyle\cdot\cdot}{\underset{\textstyle\cdot\cdot}{\text{O}}}: \longrightarrow\ \overset{\textstyle\cdot\cdot}{\underset{\textstyle\text{H}}{\text{O}}}\,\text{H}$$

• 氧的电子

◎ 氢的电子

极性共价键

并不是所有的共价键都公平地共享电子。如果两个原子具有相同的电负性，那么它们之间的键将是纯共价的，共享的电子均匀地分布在原子之间。例如，氢以两个相连的原子 H-H 的形式存在。因为分子中的两个原子具有相同的电负性，它们形成的共价键中，两个电子被两个原子平等地共享。

另一方面，水是由两种不同的元素组成的。氧的电负性比氢强得多，但差值不足以达到完全捕获氢的电子。然而，氧的电负性越高，对共享电子的吸引力就越强。像这样的共价键具有某种离子性质。以水为例，这意味着氧原子具有微小的负电荷，而氢原子带一点正电荷。这些不完全的电荷在这里用符号 d 表示，意思是"部分的"。例如，一个标记为 d⁻ 的原子，它所带的负电荷比一个负离子（阴离子）所带的负电荷要少。当然，电荷相互抵消，使分子本身呈电中性。然而，这种电荷的分离在键轴上产生了一个电偶极子，这种在分子中表现出电荷轻微分离的化学键叫极性共价键。

极性共价键形成后的一个重要贡献是它促进了分子间的结合。在这种分子间的结合中，一个分子的负极吸引另一个分子的正极。与分子中原子间的键相比，这些分子间键合非常弱，但它们赋予了某些物质至关重要的属性，包括水和我们自己的 DNA。事实上，分子间键合非常重要，它们在本书的后面会有属于自己的一个章节。本章的下一节将探讨其他类型的共价键。

配位共价键

通常有一个没有被明述的假设，即共价键中的共享电子来自不同的原子。例如在氢分子中，每个原子给氢键一个电子。但是一个共价键也只是两个共用电子，成键的电子对中的两个电子也不是不能来自同一个原子。当共用电子对中的两个电子都来自一个原子时，这种化学键就叫配位共价键。

氨（NH_3）是形成配位共价键的常见物质。氨溶于水时，加入盐酸（HCl），会发生以下反应：

$$H\!:\!\ddot{\underset{\cdot\cdot}{Cl}}\!: \ + \ H\!:\!\underset{H}{\overset{\cdot\cdot}{N}}\!:\!H \ \longrightarrow \ \left[\ H\!:\!\underset{H}{\overset{H}{N}}\!:\!H\ \right]^{+} \ + \ \left[\ :\!\ddot{\underset{\cdot\cdot}{Cl}}\!:\ \right]^{-}$$

生成的化合物 NH_4Cl 是一种通过离子键结合的盐。盐的铵离子（NH_4^+）通过共价键结合在一起，其中一个键形成于氢离子与氮原子上的一对未共享电子结合时。我们需记住，氨中的三个氮氢键是作为普通的共价键形成的，其中每个元素贡献一个电子，而第四个化学键是作为配位共价键形成的，两个电子都来自氮。然而，在合成的铵离子中，四个氮氢键是相同的。无论成对电子的来源是什么，形成的化学键都是一样的。

配位键只是几种共价键类型中的一种，下一节将对它进行说明。

双键、三键和共振

需要一种新的方法来确定这里研究的更复杂的分子结构。一个简单的例子是水，水由分子式 H_2O 表示，这就告诉化学家这个分子是由两个氢原子和一个氧原子组成的。但它并没有告诉我们原子是如何排列的。在这本书中，水的结构被假定为HOH，两个氢原子与氧相连。但是仅仅根据分子式，氢氧根可以有一个不同的结构——HHO，两个氢原子之间有一个键，另一个氢原子和一个氧原子之间有一个键。路易斯点结构会显示这个分子是如何组合在一起的，不过要是大而复杂的分子，画路易斯点结构是很麻烦的。

现代结构式使用短线来表示由一对共用电子组成的共价键。水的结构式是 H-O-H。其他几种常见物质的结构式如下：

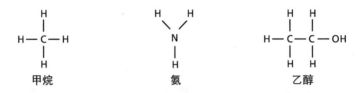

甲烷　　　　　　　　氨　　　　　　　　乙醇

为了填满能层并达到更低的能态，原子有时共用一对以上的电子。例如，氧的最外层有 6 个电子。大气中氧元素最常见的形式是 O_2。为了两个原子的电子层都被填满，它们必须共用两对电子。形成水分子及其结构的反应可表示为：

$$:\ddot{O}: + :\ddot{O}: \longrightarrow :\ddot{O}::\ddot{O}: \quad 或 \quad O + O \longrightarrow O=O$$

在 O_2 的结构式中，共享两对电子，被称为双键，由两条平行的短线表示。有时会共享三对电子，形成三键，由三条平行的短线表示。

$$\begin{array}{ccc}
N_2 & C_2H_2 & HCN \\
N \equiv N & H-C \equiv C-H & H-C \equiv N \\
氮 & 乙炔 & 氰化氢
\end{array}$$

共振结构

具有双键或三键的化合物有时存在不止一个正确的结构公式，例如臭氧就有两种正确的写法。

臭氧

另一个例子是苯，一种环状芳香化合物。

苯

这两种苯的结构哪一种才是正确的？答案是两者都不是。苯的共振结构介于这两种形式之间，与这两种形式都不同。"共振"这个词有点误导人，因为它暗示着苯在两种形式之间来回振荡。但是测量苯内原子间的距离时，碳碳键的长度都是一样的。共振结构只有一种形式，一种介于两种可能性之间的混合共振结构。

共振结构是由电子离域现象引起的。苯环中三个双键所代表的电子对是离域的。这些电子不属于特定的原子或键。因此，苯环中不存在普通的双键。组成每个双键第二部分的 6 个电子位于 3 个轨道中，这 3 个轨道环绕了整个分子。这种电子的轨迹通常表现为苯环内的圆。

分子的共振结构比推导出的假设静态形式更稳定。轨道延伸至整个分子时，扩展轨道中的电子可以有更长的波长，相应的能量也更低。电子离域背后的想法使科学家们采取了比目前所使用的更严格的方法来理解共价键。这种方法叫分子轨道理论。

分子轨道

用于表示分子的结构式是以价键理论为基础的。双键和三键只是表示额外的共享价电子对。不过，结构式虽然有用，却并不能说明分子中原子之间键的性质。要想解释离域电子和共振结构，价键理论有些力不从心。为了了解分子内部到底发生了什么，化学家们还得进行更深入的研究。

最简单的分子 H_2 的路易斯点结构和分子式是：

H - H   H : H

考虑到电子在氢分子中的分布，这些结构意味着什么呢？电子不是短线，也不是点。它们也不是环绕原子核的微小带电粒子。当原子的价电子云合并成一个分子时会发生什么？答案是，分子形成了自己的轨道，叫分子轨道，可以描述为分子中原子的价电子轨道的组合。

为了计算氢分子的分子轨道，将两个原子的轨道方程结合了起来。当轨道方程加在一起时，结果就是一个成键分子轨道延伸到两个原子上。减去原子的轨道方程就得到一个反键分子轨道。这个过程被称为原子轨道线性组合（LCAO）。与价键方法相比，它给出的电子在分子中表现的近似描述更加精准。不过它也是个更难使用的方法，所以化学家会根据目的选择不同的方法。

我们对 LCAO 理论的研究始于最简单的分子。当两个氢原子相遇时，它们的两个球形 s 轨道相互作用，形成一个哑铃形的分子轨道。当这个轨道上有两个电子时，就称为 σ 键（sigma bond），取这个名字是因为沿着键轴看的时候，它看起来是球形的，像 s 轨道一样。（sigma 是希腊字母 σ 的英文单词，对应英文字母 s。）

氢分子的成键轨道在两个带正电的原子核之间产生高电子

密度。这种高电子密度能调节原子核之间的斥力，使分子的能量低于起反应的原子能量之和。因此，必须增加能量使氢原子彼此分开。然而，反键轨道在原子核之间提供了低电子密度。如果电子在反键轨道上，它们会使分子不稳定。然而，H_2 分子的两个电子都占据了成键轨道。两种轨道类型的形状和能量如图 5.2 所示。

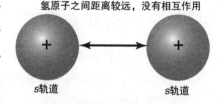

氢原子之间距离较远，没有相互作用

s 轨道　　　　　　　　s 轨道

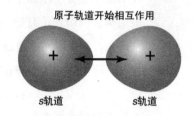

原子轨道开始相互作用

s 轨道　　　　　　　　s 轨道

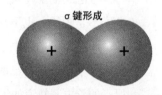

σ 键形成

图 5.2　两个 s 轨道间 σ 键的形成

要形成 Be_2 分子，需要两个电子填满成键轨道，另外两个电子必须填满反键轨道。当两个轨道的能量相加时，Be_2 分子的总能量等于独立原子的总能量。因为两个原子的结合不会降低整个体系的自由能，所以反应不会进行。

具有 p 轨道的原子也可以形成 σ 键。氟（ $1s^2 2s^2 2p^5$ ）有一个半空的 p 轨道。一个氟原子与另一个氟原子反应时，它们的两个 p 轨道可以端对端重叠，形成沿键轴对称的键。

注：LCAO 理论除了解释为什么氢原子与氢原子结合生成氢键外，还解释了为什么一些原子无法生成氢键。例如，一个铍原子有四个电子（包括 $2s$ 轨道上的两个价电子），两个铍原子的 $2s$ 轨道似乎可以结合在一起形成 σ 键。然而，泡利不相容原理只允许每个轨道有两个电子。

每个氟原子中剩下的两个 p 轨道都垂直于第一个 p 轨道。当两个垂直的 p 轨道（每个氟原子一个）以并排的形式重叠时，它们形成一个 π 键，如图 5.5 所示。这种化学键是以希腊字母 π 命名的，它们至少在某种程度上有点相似。π 键中电子云的重叠比 σ 键中电子云的重叠少，因此 π 键也相对较弱。

分子轨道理论解释了许多与分子相关的内容，它可以告诉

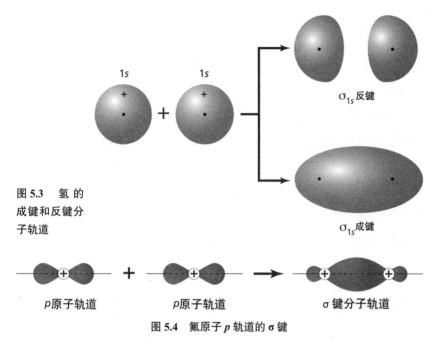

图 5.3　氢的成键和反键分子轨道

1s

1s

σ_{1s} 反键

σ_{1s} 成键

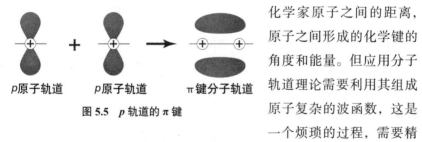

p原子轨道　　　p原子轨道　　　σ键分子轨道

图 5.4　氟原子 p 轨道的 σ 键

注：这些 p 轨道形成 σ 键。

p原子轨道　　　p原子轨道　　　π键分子轨道

图 5.5　p 轨道的 π 键

化学家原子之间的距离，原子之间形成的化学键的角度和能量。但应用分子轨道理论需要利用其组成原子复杂的波函数，这是一个烦琐的过程，需要精密的数值计算。因此，人们发明了两种更加简单，但不那么严格的方法来研究分子中原子的排列。

杂化轨道法是一种通过混合中心原子的价电子轨道来预测具有三个或更多原子的分子空间构型的简单方法。另一种方法是价层电子对推斥（VSEPR）理论，用一种更定性的方式来预测分子的空间构型。

我们先用杂化轨道法来预测甲烷的结构。甲烷（CH_4）由一个碳原子和四个氢原子组成。碳原子的电子排布为 $1s^2 2s^2 2p^2$，氢原子的电子排布是 $1s^1$。实验表明，甲烷分子的空间构型是四面体，所有的碳氢键距离都是相等的。化学家需要一种比完整的分子轨道处理更简单的方法来解决这个问题：碳的 s 轨道和 p 轨道在形状和长度上有很大的不同，氢是如何与碳的 s 轨道和 p 轨道结合，从而产生一个有四条等长化学键的分子的？

为了解释这一结果，参与了化学键研究中大部分重要工作的莱纳斯·鲍林在 1931 年提出，碳（和其他原子）的原子轨道在化学反应中发生了杂化。碳不是通过其 s 轨道和 p 轨道与氢相互作用，而是形成了四个完全相同的杂化轨道，叫作 sp^3 轨道。这些轨道都有一个指向四面体顶点的大叶状结构，每个轨道都与氢原子的 s 轨道结合，形成四个相等的 σ 键。结果是如图 5.6 所示的四面体结构，所有键长相同。杂化结构预测的键长和键角与实验数据相当吻合。自此以后，杂化的概念被扩展到了其他原子轨道上。

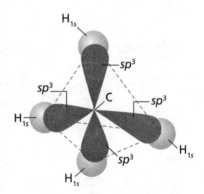

图 5.6　甲烷的四面体结构

另一种研究分子空间构型的方法是 VSEPR 理论。这个理论认为，分子的形状是由围绕中心原子的电子对之间的斥力决定的。以水分子中两个氢原子之间的成键角为例，如果氢和氧的 p 轨道成两个键，它们成直角，那么它们之间的夹角应该是 90°，但实际上是 105°，这可以用价电子对之间的斥力来解释。这种斥力产生了水的四面体结构，氢原子占据了氧原子周围的两个位置，而另外两个位置被未成键的电子对占据。这种分子结构被称为角形。

VSEPR 理论最适用于预测由周围环绕着成键原子和未成键电子的中心原子组成的分子形状。

| sp | sp² | sp³ | dsp³ | d²sp³ |

图 5.7　不同类型杂化轨道的轨道形状

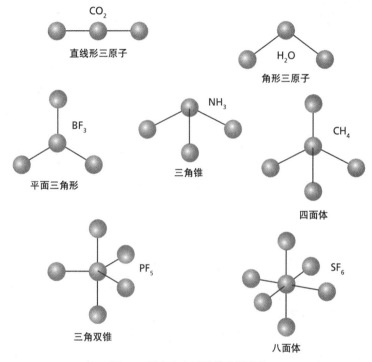

CO_2
直线形三原子

H_2O
角形三原子

BF_3
平面三角形

NH_3
三角锥

CH_4
四面体

PF_5
三角双锥

SF_6
八面体

图 5.8　具有中心原子的分子形状

注：中心原子是这些分子形状的一部分。

共价键和离子键是最基本的化学键类型，它们一起提供了一种将分子结合在一起的方法。但要解释金属的表现，还需要第三种化学键。下一章将讨论这种化学键。

第6章

金属键

什么是金属？对于这个看似简单的问题，答案其实有点难以捉摸。和解决其他问题一样，元素周期表是一个开始寻找答案的好地方。元素周期表中有三种类型的元素：金属、非金属和类金属。然而，这个表格却没有告诉我们为什么锡是金属，而它隔壁的锑是类金属；或者为什么硅是类金属，而旁边的磷被归为非金属。

金属的一个特性是众所周知的。在化学反应中，金属容易失去电子给非金属，也就是说，它们的电负性比非金属要低。这一点在元素周期表最左边的金属和最右边的非金属形成的化合物中显而易见。钠（一种金属）失去一个电子给氯（一种非金属）形成离子键，合成的盐是一种水溶性的白色结晶物质，是离子键结合的化合物的特征。

但是当金属和非金属更靠近元素周期表中心时，它们所形成的化合物的性质就不那么明显了。它们的电负性更接近。化合物中原子间的电负性差值决定了化学键的性质。回忆一下，1.7 或 1.7 以上的电负性差值会形成离子键；差值小于 1.7 的原子形成具有共价性质的键。硫化铅（PbS）就是一种这样的化合物。铅的电负性是 1.9，硫的电负性是 2.5，差值为 0.6，小于1.7，所以它们之间的键应该具有共价性质。硫化铅和氯化钠一样，也是一种结晶化合物。然而，它又黑又亮，很不像盐。它也不溶于水，这表明正如人们所预料的那样，铅硫键具有很高的共价性。

金属的特性

因此，如果钠和铅都被定义为金属，氯和硫被定义为非金属，那么为什么氯化钠和硫化铅如此不同呢？我们对金属的定义似乎缺少了什么。的确，在化学反应中，金属往往会失去电子给非金属，但这个定义太宽泛了，不是很有用。那么，如何定义金属呢？在原子的电子结构被发现的很多年前，答案就出现了。简单地说，金属最好由它们共同的物理特性来定义：

1. 高导电性。金属的导电性比非金属的导电性高出许多数量级。例如，人们认为硫是电绝缘体，而在元素周期表中左边仅隔三个位置的铝是电的良导体。

2. 高密度。金属通常比非金属密度大得多。例如，在室温下，钠的密度为 0.97 g/cm^3，而质量较大的氯气的密度为 $0.003\,2 \text{ g/cm}^3$。金属锡的密度比隔壁的碘大 50%，碘是元素周期表中的非金属元素。

3. 高光泽。金属具有光泽；非金属没有——至少大部分没有。一个值得注意的例外是被称为钻石的碳形式。

4. 电子发射。许多金属受到电磁辐射时都会发射电子。这就是第一章中讨论的著名的光电效应。爱因斯坦研究了这种效应，得出这样的结论：光既可以作为波，也可以作为粒子。

5. 高度延展性和可锻性。金属能承受巨大变形而不破裂。它们可以被拉成线，锤成马蹄铁，或弯曲成回形针。

这5点就能使人明白一块铜或铁的特性与由离子键或共价键结合在一起的物质完全不同。这一章旨在说明这些金属的特性来源于金属键。但是，什么样的金属键能使金属密度很大并容易导电呢？什么样的结构会使它们有光泽和延展性呢？当光照在金属上时，金属为什么要发射电子？

金属中的键合

要了解金属键的性质，最重要的线索就是金属的高导电性。像大多数由离子或共价键结合在一起的物质一样，纯盐和纯水的导电性不好，但是纯铜的导电性很好。直到1897年J. J. 汤姆森发现了电子，科学家们才对这种差异有了进一步的理解。不久之后，科学家们发现电流是电子的流动，而导电性是衡量电子移动自由程度的指标。金属的高导电性表明它们的电子与原子之间的结合不够紧密，因此金属中的电子比离子键或共价键结合的物质中的电子更容易移动。

金属中电子的自由移动，再加上金属的高密度，使得科学家

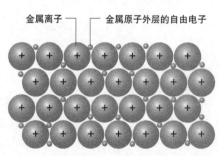

图 6.1　金属键

注：在金属中，规则排列的原子间穿插着自由移动的电子。由于电子的流动，金属具有了导电性。

们假设金属是紧密排列的带正电荷的离子芯的晶格（提供了高密度），它们浸在自由移动的价电子海中（提高了高导电性）。离子芯既不是原子也不是离子。它是一个原子核，除了一两个电子外，其他的电子都包围着它。这些电子与原子核紧密结合，并不是围绕它们的移动电子海中的一部分。电子海就像胶水一样，调节离子芯之间的斥力，使晶格结合在一起。带正电荷的离子芯与带负电荷的电子海相互平衡，使晶格与电子海的结合呈电中性。如今人们已经普遍接受了这种结构。

不属于任何特定原子的电子海的概念让人联想到前面提到的共振结构。像共振分子中的价电子一样，金属中的价电子是离域的。正如苯的双键中的电子不与任何特定的原子相关联一样，钠中的可移动电子也不与任何特定的离子芯相关联。要解释金属中的这种现象，必须运用到分子轨道理论。

钠中的每个原子都有一个相同的外层 3s 轨道，其中包含一个电子。钠中原子各自的轨道重叠，形成了大量的分子轨道。这些紧密间隔的能态群被称为能带。然而，这些带内的分子轨道必须遵循泡利不相容原理，所以这么多轨道中的每一个轨道都只能有两个电子。但是填充轨道和未填充轨道的能量非常接近，所以电子可以轻易地从一个轨道移动到另一个轨道。

这些自由电子使钠和其他金属具有高导电性。在金属丝的一端注入一个电子，几乎相同的轨道中的另一个电子会在另一端弹出。金属键的离域电子确保了这个过程所需的能量很少，这使得金属具有高导电性，是电线的首选材料。这也导

每一层中，每个原子与6个其他原子接触。

还有3个原子和上面一层的任意1个原子接触，另外3个原子和下面一层的任意1个原子接触。

图 6.2　紧密排列成晶格结构的金属原子

致了著名的材料科学家艾伦·科特雷尔（Alan Cottrell）爵士对金属提出了一个新的定义。"金属，"他在1960年的一篇文章中写道，"含有自由电子。"

早些时候，我们发现金属的高密度——比共价键化合物的密度要大得多——表明它们是由离子芯构成的紧密晶格结构。而自由穿行于晶格之间的电子（金属键的另一个中心特征）使金属成为极好的导电体。但是，金属键能解释金属的其他特性——光泽、延展性和光电效应吗？答案是肯定的。

金属键如何赋予金属独特的光泽？它们只是简单地反射所有落在它们身上的光吗？答案是否定的。在晴朗的日子把手放在汽车表面，你就知道不是了。阳光下的金属是温热的，有时会热得把你烫伤，它一定是吸收了一些阳光并将其转化为热量。

原子和分子中的电子通常只吸收特定波长的光。这些波长对应的是将一个电子撞入一个能量更高的轨道所需的能量。例如，叶片中的叶绿素会大幅吸收红光和紫光。由于我们眼睛看到的是未被吸收的阳光，所以叶片在我们看来是绿色的。然而，金属键中的离域电子处于几乎连续的能量轨道带中。这些能带中的电子会吸收大部分可见辐射。这些辐射中的一部分使金属升温，但其余部分会立即被反射出去。然而，与叶绿素不同的是，金属的离域电子确保了可见光谱中的所有波长都会被吸收和重新发射，所以，眼睛看到的是整个可见电磁辐射光谱——大多数金属会呈现出闪亮的银灰色。金和铜这两种金属的色泽是在典型的金属光泽上增加了黄色或橙色，这表明它们的能带有轻微的不连续性。

对光电效应的解释可以追溯到金属的另一种定义，即金属是"含有自由电子的物质"。由于金属晶格对离域价电子的吸引力是如此之弱，其中一些电子可以从光（或其他波长的电磁

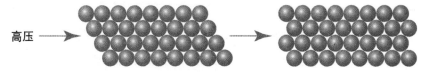

高压 ———▶

图 6.3　金属对压力的反应

辐射）中获得足够的能量来逃离金属。在离子键或共价键中，电子在分子中受到紧密束缚，这种逃离的可能性要小得多。因此，金属会表现出光电效应，而其他大多数物质则不会。

我们要讨论金属的最后两种物理特性了。这两种特性在许多世纪以前就被发现了，并被证明对文明的发展至关重要。它们就是金属的可锻性和延展性，这两种特性使金属可以被打造成各种形状并能被拉成金属丝。

青铜是铜和锡的混合物，是人类广泛使用的第一种金属。接着铁器时代来临了，在公元 12 世纪之前，这种元素就已经被锻造成各种有用的工具。这些有用的工具大多是战争武器——矛头、战斧和刀剑。今天，铁和其他金属被制成种类更多（也更和平）的商品。铝成了飞机的外壳，铜导线传输电力，钢（主要是铁）梁支撑着摩天大楼。金属的特性使得它们可以被制成各种形状或被拉成金属丝，这是使金属结合在一起的化学键的直接功劳。

大多数金属的晶格结构是紧密排列的。金属原子以一种使所占体积最小化的方式组合在一起。扔进盒子里的弹珠也会呈现出类似的密实结构。在一种常见的紧密堆积的方式中，每个金属原子会接触 12 个相邻的原子。

现在，考虑一下当压力作用于这样的原子排列时会发生什么。如果压力足够大，原子会互相滑动，金属物体的形状会永久改变，但不会断裂。金匠可以把一块未加工过的金块加热，然后把它拉成金属丝，制成结婚戒指；铁匠能把它打成薄得可以透光的金箔；或者可以把熔化的金子倒进模子里，做成人们梦寐以求，甚至为此发动战争的金条。不过要记住，不仅仅是黄金，所有金属的延展性都是由金属键结合的离子芯的均匀晶格赋予的。

熔炼

纯金属在自然界中是稀有的。金属矿石通常以氧化物或硫化物的形式存在。此外，这些矿石几乎总是与其他化合物混合在一起。从矿石中提取金属的一种方法是熔炼，这个过程中会使用碳（或一氧化碳）来还原金属氧化物，也就是除去氧并将矿石转化为金属。

$$2CuO + C \xrightarrow{\text{加热}} 2Cu + CO_2$$

熔炼的发现很可能是偶然的。比如说，在铅矿上堆起篝火。在篝火的底部，部分燃烧木头后形成的碳与矿石混合。热和篝火中产生的碳在一起使矿石减少，留下了一种全新的物质——金属铅，毫无疑问还混合了一些杂质。铅的熔点很低，所以它会在篝火中熔化。铅可以被铸造成任何金工想要的形状。早在公元前 6500 年，人们就开始铸造铅珠。

然而，铜矿石和铁矿石不能以同样的方式熔炼，它们熔炼所需的温度比篝火能达到的温度要高。大约在公元前 9000 年就出现了的陶窑工作温度比明火更高。烧窑可能解决了铜和铁矿石的冶炼问题。当然，没有人知道确切的答案，但似乎人类最早的金属工具和武器可能来自一个用来烧制陶器的烤箱。无论如何，土耳其发现了大约公元前 6000 年的铜制品。

不幸的是，铜的主要属性，即可锻性和延展性，也是它最大的缺点。铜太软了，很难磨得锋利并保持锋利。因此，铅和铜的最早用途可能是装饰性的。考古学家发现了系在布上的有

冰 人

石器时代、青铜时代和铁器时代是人类文明史上著名的时期。铜石并用时代（前4300—前3200）并没有那么为人所知。铜石并用这个名字来源于希腊语中的铜和石头，而铜石并用时代是介于石器时代和青铜时代之间的时期，当时石头和铜的工具均得到使用。除了少数专家之外，这个时代可能对其他人来说都是未知的，直到一个引人注目的发现——冰人。

1991年9月19日，两名德国徒步旅行者在意大利和奥地利边境附近的山区发现了一具尸体。埋在冰川中的这具尸体保存得如此完好，以至于最初人们认为它是一具现代人的尸体。但详细的分析表明，这具尸体根本不是现代人。冰人原来是一个45岁的男人，死于大约5300年前。

自发现以来，冰人就成了名人。他被陈列在意大利一家博物馆的显眼位置，调查人员用现代科学中所有的工具对他进行了研究，以尽可能多地了解他和他所在时代的文化。但只要一双训练有素的眼睛就能知道冰人生活在铜石并用时代，线索蕴藏在他随身携带的工具中。

冰人的其他物品中，有1把燧石刀、14支骨尖箭、1个石刮刀和1把铜斧。细节图显示斧头有1个木制手柄和1个钝铜刃。不过这位冰人清楚地证明了铜器和石器是同时存在的。无论有意无意，冰人似乎成了铜石并用时代完美的宣传员。

图6.4　在工具旁的冰人

锻痕的铜薄片和串在项链上的铅珠。迄今为止发现的最早的铸铜制品是公元前5000年左右在小亚细亚制造的狼牙棒头。

因为狼牙棒可以用来砸头，所以在当时它们是有用的武器，但不如刀、剑和矛有用。使这些工具和武器成为可能的发现在史前时代的烟雾中消失了。像熔炼一样，这个发现几乎肯定是偶然的，它的发生是因为铜矿石通常与其他物质混合在一起，主要的两种杂质是砷和锡。一些善于观察的金工一定注意到了，这些杂质的性质和数量极大地改变了熔炼铜的特性。

合金

金属在许多方面造福了人类。然而，人们很早就认识到，添加少量的其他金属或非金属可以增强纯金属的性能。制成戒指的金子十有八九不是纯金的。虽然金也可以和其他元素混合，不过它通常还是金和铜的混合物。把铜加到金中会大大改变金属的性质。这种混合物更加坚硬，不易有刮痕和磨损，因此适用于制作珠宝首饰。飞机的铝制外壳和前面提到的钢梁同样不是由纯铝或纯铁制成的，而是由添加了少量其他物质的混合物组成的。这些混合物称为合金。

合金是由一种被称为母金属的金属与少量其他金属或非金属混合而成的物质。把锡或砷加入到铜中，金属就会变得更硬、更坚固、更容易铸造。这种金属混合物被称为青铜，青铜的发现给人们带来了一整套全新的工具、武器、盔甲和装饰品。与之前的铜器和石器相比，产生的变化是如此之大，以至于青铜成为这一时期（即现在的青铜器时代）的决定性特征。像青铜这样的合金在现代世界的建设中已经发挥了巨大的作用，并将继续发挥下去。

合金的主要奇迹之一是，少量杂质能对母金属的性能产生如此夸张的影响。青铜就是一个例子。虽然青铜种类繁多，涉及的几种元素的浓度不同，但一种常见的青铜合金含有90%的铜和10%的锡。这两种金属的结合产生了一种合金，这种合金比它的任何一种成分都要坚硬得多。为什么在铜中加入质地软、不够坚固的锡会产生一种比纯铜更强、更硬的物质？答案在于合金的性质。

现在市面上有成千上万种合金，它们的结构非常复杂。幸

图 6.5 可以浇注的钢水

运的是，它们可以分为两种主要类型。青铜和钢这两种最常见、应用最广泛的合金可以说明它们的性质。

将纯铜和高达 11% 的熔融锡混合。混合物冷却并凝固后，锡原子将取代金属键结合晶格中的一些铜原子。这种合金叫替代式合金。母体元素的一些原子在金属键合晶格中被新元素的原子所取代。当合金中的元素大小相同时，就会产生替代式合金。铜的原子半径为 135 皮米（1 皮米 = 10^{-12} 米）。锡原子的大小几乎相同，原子半径为 145 皮米。这样看来，青铜是一种代用合金也就不足为奇了。

钢是不同的。大多数钢是由铁与碳的合金制成的。高碳钢的含碳量高达 1.7%，比铁和碳（焦炭或木炭的形式）这两种成分都要更坚固、更硬。这种性质的变化类似于在铜中加入锡所产生的变化，但这种合金的结构完全不同。铁原子的半径是 140 皮米，而碳原子的半径只有 67 皮米。与铁原子相比，碳原子是如此之小，所以在金属键合晶格中无法取代铁。碳原子实际上是滑入了铁原子之间的空隙中。最后形成的这种合金不出所料地被称为填隙式合金。

这两种合金都是固溶体，当合金的成分互相溶在一起时就会形成固溶体，就像乙醇溶于水一样。不像乙醇和水是完全可混溶的，如果在铜中加入太多的锡，在铁中加入太多的碳，就会超过它们的溶解度。结果会得到一种多相合金，其特征不同于固溶体。本书将跳过多相合金，重点讲解固溶体和由它们引出的重要问题：为什么青铜和碳钢这两种固溶体比组成它们的成分更坚固、更硬？

在这两种合金中，加进来的元素都会使晶格变形，但不会破坏晶格。金属有滑移面，在压力作用下会互相滑动。金属的硬度和强度与这些平面互相滑动的难易程度有关。合金所产生的非均匀晶格使得原子平面间的相互滑动更加困难，因此必须施加更大的力使合金变形或断裂。这样想：如果平面的表面是均匀和光滑的（如纯金属），而不是粗糙和凹凸不平的（如合金），滑动平面就更容易相互滑动。因此，合金通常比纯金属更硬、更坚固。

合金通常导电性也更差一点。考虑到导电电子的波动性，我们就更能理解合金比其组成金属导电性要更低。很容易就能穿过纯晶体的电子波却会被合金的无序晶格所散射。

想象有一个平静的池塘，向里面扔一颗小石子，波纹就会从石子落下的点平滑地扩散，在池塘中蔓延开来，在纯金属中传导电子波也是这样。现在，在池塘里加上几根树桩，再丢一颗石子。和之前一样，波开始平稳地从石子落下的点扩散，但碰到树桩时，就被分散到许多方向。在纯金属中添加合金元素时，电子波的散射类似于在池塘中加入木桩所引起的水波四处扩散。

散射意味着一个电子穿过合金需要更多的能量。与纯金属相比，它的导电性降低了，熔点也往往比母金属更低。合金的晶体结构不规则，不像纯金属的均匀晶格那样能紧密地束缚原子，因此熔点降低了。在铜中加入 5% 的锡会使其导电性降低 80% 以上，加入不到 1% 的碳会使铁的熔点降低 23 ℃。

显然，纯金属中的金属键对杂质非常敏感。即使是微量的外来物质也会对金属的性质产生巨大的影响。下一章将给出更多的例子，说明某些物质的性质对它们所形成的化学键有多敏感。下一章将会提到分子间化学键。这些键不是存在于组成分子的原子之间，而是存在于分子之间，它们比原子间的化学键弱得多。尽管如此，它们也可以而且确实对我们的生活了产生巨大的影响。

第 7 章

分子间键合

很明显，是两个氢原子和氧原子之间共价键的共享电子将水分子结合在一起。但是是什么使一个分子与另一个分子结合呢？为什么它们不分开，每个分子各走各的路呢？一个答案是，在某些情况下，他们自己会走自己的路。把水加热到 100 ℃，会得到水蒸气，分子之间会相互远离。那氧呢？氧分子也没有结合在一起。它们均匀地分布在我们周围的空气中。因此，在回答是什么使水分子结合在一起的问题之前，我们必须理解为什么有些物质根本不能结合在一起。这些物质有一个共同点：它们都是气体。

物质状态

把水倒进杯子，水就会留在杯子里。将水蒸气导入杯子，它将与周围的空气混合并消失。任何使固体和液体结合在一起的东西都不能约束气体。原因很简单。作用于气体分子的吸引力与作用于液体分子和固体分子的相同，但是水蒸气比水热。因此，水蒸气中的 H_2O 分子有足够的动能相互分离。降低温度至 −183 ℃，分子的动能也就降低了，氧就会像水一样在玻璃杯中四处晃动。一种化合物可以有多种形式，这些形式被称为物质状态，总共有三种。

- 固体是具有一定体积和形状的物质。
- 液体有一定的体积，但没有形状。它们的形状取决于容器的形状。
- 气体没有一定的形状，也没有一定的体积。

物质的不同状态与物质的化学组成无关。在体积和形状方面，水表现得像液氧，而液氧表现得像水银。除了颜色之外，一根实心铜棒看上去很像一根实心铁棒。

当然，如前所述，物质可以改变形式。液态水冷却变成固态冰，加热后又变成了气体。这些状态的变化都不涉及化学反应。水、冰和水蒸气是同一物质的不同状态，现在，让我们回到开启这一章的问题，让这个问题更加具体。是什么使固体和液体分子结合在一起？为什么它们的分子不像气体分子那样分散呢？

在多种固体中，原子通过静电荷（如盐）或金属键（如铁）形成晶格。那液体又是怎么回事呢？是什么将水、汽油或是干洗液分子结合在一起？一位来自荷兰的科学家试图理解气体的表现，他解答了这个问题，他的名字叫约翰尼斯·迪德里克·范·德·瓦耳斯（Johannes Diderik van der Waals）。

理想气体

气体定律的概念可以追溯到现代化学开始之际。在 17 世纪晚期，罗伯特·波义耳（Robert Boyle）注意到了气体的压强和体积之间的关系。气体体积与压强成反比，增大压强，气体体积就会减小。

$$V \propto 1/P$$

符号$\propto$的意思是"成正比"。

后来，化学家们又在方程式中加入了温度，到19世纪中叶，科学家们已经提出了理想气体定律。理想气体是一种假设气体，其中分子（或原子）本身不占体积，分子之间不存在引力。理想气体定律可以写成一个与这种气体的体积、压力和温度有关的方程式：

$$PV = nRT$$

在这个方程式中，V是理想气体的体积，T是理想气体的绝对温度，n是气体的物质的量，R是气体常数。

理想气体方程在大多数情况下都能有效地预测实际气体的行为。但在高压下，分子被迫越来越靠近，理想气体定律预测的气体行为开始与实际气体的实验数据相背离。19世纪70年代，范德瓦耳斯试图修改理想气体定律，使之更符合真实气体的行为。

范德瓦耳斯提出了一个新的方程，叫状态方程，它修正了理想气体定律中的一些问题。他的一项修正就是假设真实气体中的分子相互吸引。为了纪念他，分子间的引力现在被称为范德瓦耳斯力，范德瓦耳斯力就是把液体结合在一起的分子间力。我们要记住，范德瓦耳斯力也存在于气体和固体中。但范德瓦耳斯力对液体的影响最为明显，这也是我们讨论的重点。

偶极子

范德瓦耳斯从未推测过使物质结合在一起的分子间力的性

质。在他工作的那个时代，许多科学家不相信原子或分子的存在，而那些相信原子或分子存在的科学家也对它们的内部结构一无所知。但是，到1921年，科学家们已经找到了范德瓦耳斯力的来源。它是分子的电偶极子之间的吸引力。

电偶极子是距离很近的一对相反电荷。（也有磁偶极子，但本书不涉及。也省略了有多个磁极的物质或物质聚集体。）在中性分子中，这两个电荷大小相等且方向相反。偶极子的强度被称为偶极矩，即电荷量乘以两个电荷中心之间的距离。

相隔距离r的偶极电荷q

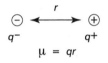

$$\mu = qr$$

在这个方程中，μ 是偶极矩。

在分子中产生偶极子的因素是什么？科学家们推断，这一定是因电子在分子中可能所处的位置不对称而造成的电荷分离。如前所述，当分子中的原子具有实质上不同的电负性时，就会发生这种分离。氯化氢就是一个很好的例子。在 HCl 中，氯的电负性比氢强。这种电负性的差异产生了偶极子。

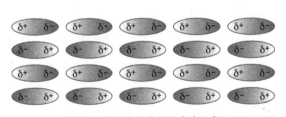

图 7.1 偶极子使分子结合在一起

现在想想，当两个 HCl 分子靠近时会发生什么？它们会倾向于排列成一个分子的正极接近另一个分子的负极的形状。因此，氯（带少量负电荷）会倾向于与邻近的氢分子（带少量正电荷）结合。这种构型产生的一种分子间力——范德瓦耳斯力——使两个分子结合在一起。现在，把这个概念扩展到更多的液态氯化氢分子上。氯化氢的偶极子所产生的分子间力会使分子结合在一起。

顺便说一下，不要把氯化氢和盐酸搞混了，它们有相同的化学式——HCl。盐酸是氯化氢的水溶液。它是一种强酸。氯化氢在室温下是无色气体，在 -85℃时变成液体。

如果将氯化氢冷却到 -114 ℃，它就会变成固体。它的晶格状结构如图 7.2 所示，类似于氯化钠形成的离子晶格。然而，这种相似只是表面的。固体氯化氢分子两端的负电荷和正电荷比离子键结合物质的负电荷和正电荷要小得多。因此，维持氯化氢晶格的静电力比维持氯化钠晶格的静电力弱得多。因此，氯化钠晶格比氯化氢晶格稳定得多。从它们的熔点上也能很容易地推断出来，氯化钠的熔点比氯化氢的熔点高出 900 ℃以上。

可以通过测量晶格中化学键的强度来量化晶格的稳定性。衡量化学键强度的是键的离解能。极性共价氢氯键的键离解能是 431 千焦 / 摩尔，是同一化合物的偶极-偶极离解能的 130 倍。（1 摩尔是 1 克物质的分子质量。1 摩尔盐酸重 36.5 克）。

图 7.2　冰晶结构

氢键：一种非常特殊的偶极子

氯化氢的质量是水的两倍，水的分子质量是 18。但是水的沸点是 100 ℃，而氯化氢的沸点要低近 200 ℃。那么，为什么水的极性共价分子有这么强的结合力呢？也就是说，为什么它们之间的结合比氯化氢分子的结合更紧密呢？水出人意料的高沸点是由于一种特殊类型的偶极-偶极键，它叫氢键。氢键比其他分子间作用力更强。例如，氯化氢的分子间键能是

3.3 千焦/摩尔，而水中的氢键键能是 19 千焦/摩尔，大约是前者的 6 倍。

氢键的形成是因为氢与氟、氧和氮等电负性强的元素结合时形成了异常强的偶极子。然而，单凭电负性不能解释氢键的形成。尽管氯的电负性比氮强，氯化氢中也不会形成强氢键，其原因在于原子的电子排布。

$$N: 1s^2 2s^2 2p^3$$
$$O: 1s^2 2s^2 2p^4$$
$$F: 1s^2 2s^2 2p^5$$
$$Cl: 1s^2 2s^2 2p^6 3s^2 3p^2$$

氨、水和氟化氢的中心原子的未成键电子对都在 $2p$ 轨道上，所以它们的负电荷密度很高。氯的未成键电子对在 $3p$ 轨道上。因为 $3p$ 轨道比 $2p$ 轨道大，所以这些轨道中的电子分布得更广。这降低了氯原子周围电荷的密度，意味着它对附近分子中的氢原子的吸引力更小。因此，氯化氢分子之间的引力比水分子小，这就是为什么氯化氢的沸点比水低得多。

氢键在氨、水和氢氟化合物等物质的分子行为中起着重要作用。但是水中的氢键作用表现得最明显。事实证明，水是形成氢键的完美分子。水分子中有两个氢原子和两对未成键的电子。两个氢原子被相邻的水分子中的两对未成键电子吸引，每个氢原子对应一对未成键电子。氧原子的未成键电子对吸引两个相邻分子中的氢原子。因此，每个水分子可以和它的相邻分子形成四个氢键。

不过要记住，水是液体。氢键不断地形成和断裂，所以不可能形成整齐的晶格。分子间强烈的吸引力使水分子之间结合得更加紧密，与没有氢键的类似化合物相比，水的密度更大。

由于其强氢键作用，水表现出了一些不寻常的性质。例如，由于水的相对分子质量较低，它的沸点要比预期的高得多。在元素周期表中，硫就在氧的下面，而硫化氢（H_2S）是与 H_2O 类似的硫化物。尽管硫的质量是氧的两倍，硫化氢的沸点却是 -60 ℃，比水低了 160 ℃。当然，原因是水分子由于强氢键而紧密结合在一起。

水的另一个特殊之处是它在接近冰点时的表现。大多数液体都表现得像苯。苯在 5.5 ℃ 到 80.1 ℃ 之间为液体，与水没有太大区别，水在 0 ℃ 结冰，在 100 ℃ 沸腾。当液态苯冷却时，它的密度变大。这是可以预料到的。当分子的热能降低时，它们会更紧密地聚集在一起。低到冰点时，就形成了固体苯。这些分子以最紧密的方式堆积在一起，形成比液体密度更大的固体。这几乎是普遍的分子行为。在千百万种化合物中，固态比液态密度低的物质极少，水就是其中之一。

如果水的表现像苯一样，那么湖泊就会从底部向上冻结成固态冰。在苯的世界里，鱼在寒冷的气候中无法生存，冰山会沉在海底，"泰坦尼克号"可能还在海上漂浮。如果水表现得像苯和其他大多数液体一样，世界将会变得混乱。这就引出了一个问题：为什么水不像苯一样呢？

答案依然在于水分子与相邻分子形成氢键的倾向。当水冷却到冰点时，水分子的热能减少，密度变大，就像苯一样。但在 4 ℃ 时，不寻常的事情发生了。水的密度开始减小。这是因为在冷水中形成了一个部分有序的结构。在冰中，这种部分有序结构变成了高度有序的刚性晶格。冰晶中的每个水分子都与其他四个分子形成氢键，形成如图 7.2 所示的开放结构。如果不是因为水分子之间的氢键形成了刚性的、膨胀的晶格，这些分子会更紧密地聚集在一起。当温度上升时，冰会融化，晶格会消减，水的密度会随着水分子进入开放空间而变大。这就是为什么冰能浮在水上。

特殊氢键

氢键在许多化合物中都存在。任何有 O-H 键的分子，比如醇，都会和附近的分子共用一个氢，形成氢键。有 N-H 键的分子也会这样。事实上，这些氢键在地球上所有生命共有的分子——脱氧核糖核酸（DNA）中起着关键作用。

DNA 是遗传密码的载体。其关键成分是四个碱基，科学家将它们缩写为 A、C、G 和 T。如果你解开单个人类细胞核中所有的 DNA，它将形成一条 6 英尺（约 2 米）长的带有这四个碱基的长链，在这条长链上，这四种碱基以各种组合重复大约 30 亿次。碱基的排列顺序就是遗传密码。

所有的生命都是从单个细胞开始的。在多细胞人类中，这单个细胞中的 DNA 复制品最终几乎占据人体数十亿个细胞中的每一个。要做到这一点，原始细胞中的 DNA 必须进行多次自我复制。这个复制的关键是著名的双螺旋结构。DNA 的两条链——我们叫它们 A 和 B——分开时，每条 DNA 链都可以组合出另一条。A 链生成一个新的 B 链，形成一个新的双螺旋结构，B 链也同样如此。这就使 DNA 分子的数量增加了一倍。这种简单而有效的机制取决于两条 DNA 链在某些条件下结合在一起，而在另一些条件下又解开，这就是氢键的作用所在。

双螺旋的两条链由糖类和磷酸盐构成。每一条链的碱基从主链向另一条链伸出。这种排列使一条链的碱基与另一条链的碱基相互结合。这些碱基含有电负性很强的氮原子和氢原子。有些碱基也含有电负性很强的氧原子。

一条链上的强电负性原子与另一条链上的强电负性原子共用一个氢，形成氢键。两个氢键使腺嘌呤（A）和胸腺嘧啶（T）结合，三个氢键使鸟嘌呤（G）和胞嘧啶（C）结合。弗朗西斯·克里克（Francis Crick）与詹姆斯·沃森（James Watson）

共同发现了 DNA 结构，他将双螺旋结构称为"生命的秘密"，这一说法也广为人知。令人惊讶的是，双螺旋并不是由强大的离子键或共价键连接在一起的，而是由数百万个相对较弱的氢键的偶极-偶极相互作用结合在一起的。

最弱的键

偶极子来源于极性共价键。偶极-偶极引力，包括氢键所产生的引力，将由极性共价分子组成的液体结合在一起。但是那些有纯共价键的分子呢？这种分子可没有固定的偶极子。那么，是什么分子间作用力把它们连在一起的呢？

科学家们很早就意识到，对称型非极性分子之间依然存在作用力，但是很弱。由于这种作用力很弱，要液化具有纯共价键分子的气体就必须要极低的温度。例如，氢气（H_2）必须冷却到 -252 ℃（这个温度只比绝对零度高 21 ℃），才能凝结成液体。问题在于为什么它会凝结？是什么力作用在非极性的氢气分子上使它们形成液体？直到量子力学的提出，这个问题才得到了回答。

答案在于量子力学的随机本质。回想一下，电子在原子中的位置是不能确定的。知道了这一点，出生于德国的物理学家菲列兹·伦敦（Fritz London）提出了他所谓的色散力的概念。这些现在被称为伦敦力，是由分子或原子的电子密度的波动引起的。它们的存在是瞬时的——瞬间产生、逆转和消失。

然而，有时纯粹的偶然会产生不均匀的电子密度，会在分子中产生瞬时偶极。产生这种偶极的电子密度的随机波动可以在瞬间逆转而产生它的镜像。

这些偶然产生的偶极是瞬时的，但它们仍然会影响到相邻的偶极子，偶极上的小电荷会在离它最近的分子末端诱导出一个相反的小电荷。偶极带负电荷的一端会排斥相邻的电子，

表 7.1　惰性气体的分子大小和沸点

惰性气体	原子半径（皮米）	沸点
氦	49	–269 ℃（–452 ℉）
氖	51	–246 ℃（–411 ℉）
氩	94	–186 ℃（–302 ℉）
氪	109	–152 ℃（–241 ℉）
氙	130	–108 ℃（–162 ℉）
氡	136	–62 ℃（–18 ℉）

使其带少量正电荷；带正电荷的一端会吸引附近分子中的电子。总的效果是一个分子偶然引起的偶极会诱导出相邻分子的偶极。

分子从正极到负极的这种排列可以排更远，形成图 7.1 所示的排列。当然，这种排列甚至比那些具有永久偶极子的分子液体中的排列更为短暂。不仅分子的动能会不断地打破分子间的化学键，电子密度的正常波动也会打乱这个顺序。

$$CH_3 - CH - CH_3$$
$$|$$
$$CH_3$$
异丁烷

$$CH_3 - CH_2 - CH_2 - CH_3$$
丁烷

两个氢分子之间的暂时键称为诱导偶极–诱导偶极键。我们可以猜想，这两个偶极分子之间的力——伦敦力——是非常弱的。以氦为例，氦分子之间的伦敦力只有 0.076 千焦/摩尔。这仅仅是普通共价键，比如氢氯键强度的 1/5 000。但是如果没有伦敦力，氢或稀有气体等对称的分子和原子，无论温度降低多少，都不会液化。

关于诱导偶极–诱导偶极键的一个令人惊讶的事情是它们与分子大小有关。两个有机分子说明了这一点。

这些分子有相同数量的碳原子和氢原子，有相同的分子

壁虎的黏性脚

亚里士多德在 2 000 多年前就观察到，壁虎可以"以任何方式在树上上下移动，甚至是头朝下"。事实上，它们可以做比这更惊人的事情。壁虎可以在石膏天花板上漫步，或者只用一只脚倒挂在抛光的玻璃表面上。壁虎似乎可以黏在无论粗糙还是光滑的表面上。为了弄明白它们是如何做到的，我们需要对它们有更多的了解。

根据《奥杜邦协会北美爬行动物和两栖动物野外指南》(*The Audubon Society Field Guide to North American Reptiles & Amphibians*)，壁虎是一种类似蜥蜴的生物，四肢短，趾垫大，"每个趾垫的底部都是鳞片，上面覆盖着无数微小的毛发状刚毛，刚毛顶端的微小吸盘可以让壁虎爬上墙壁或穿过天花板。"壁虎可以附着在几乎任何东西上的吸盘理论已经存在了很多年，但最近的研究提供了一个更合理、更惊人的解释。

图 7.3　紧紧抓住树枝的一只拥有黏性脚的大壁虎

2002 年，一群自称"壁虎团队"的学术工程师和科学家在《美国国家科学院院刊》(*Proceedings of the National Academy of Sciences*) 上发表了一篇论文，题目是"壁虎刚毛中范德瓦耳斯附着力的证据"(*Evidence for van der Waals adhesion in gecko setae*)。刚毛是壁虎脚上的细小毛发。一只壁虎可以有多达 200 万根这样的刚毛。根据这篇论文，壁虎攀爬的任何表面和刚毛之间作用的力都是范德瓦耳斯力——更具体地说，是伦敦力，形成了诱导偶极-诱导偶极键。为了支撑壁虎的体重，需要大量这种弱键，所以壁虎的脚上有数百万的刚毛。

通常来说，波动力学产生的效应对于大于原子和分子的物体来说太微小而无法察觉。电子的波形特征很容易被检测，棒球的波形特征却不易被检测。但伦敦力是波动方程预测的原子和分子的电子密度随机波动的结果。壁虎依靠这些电子密度转瞬即逝的变化在天花板上奔跑，让科学家们惊叹。

质量和相同的电子数。然而，丁烷在 −0.5 ℃沸腾，而异丁烷在 −11.7 ℃沸腾，比丁烷低 10 ℃。很明显，丁烷结合得更紧密。原因在于偶极子的性质。相反的电荷隔开一段距离时，就产生了偶极子。回忆一下，偶极子的强度叫偶极矩，偶极矩是电荷量与电荷之间距离的乘积。丁烷是两个分子中较长的一个，所以偶极子中的暂时电荷之间的距离更大。因此，它具有更大的偶极矩、更强的结合度和更高的沸点。

比较惰性气体的沸点时，这种效应就更加明显了。分子最大的惰性气体氡比氦的沸点高 200 ℃以上。造成这种差异的一个原因是氡的体积更大，这使它具有更大的暂时偶极矩和更紧密的结合度。更重要的原因是氡有更多不均匀分布的电子。分子间的伦敦力很微弱，但这些数据展现了它们对某些元素和化合物的物理性质产生重大的影响。

写在最后

正如莱纳斯·鲍林所说："了解原子的电子结构对于研究分子的电子结构和化学键的性质是必要的。"鲍林从未直接说过，但他似乎相信理解化学键的性质是理解化学的关键。

由鲍林作为我们的引路先锋，本书将我们从最强的离子键、共价键和金属键带到最弱的分子间键，从离子键结合的盐和共价键结合的水的奥秘讨论到合金的惊人性能。这些物质，以及成千上万类似的物质，构成了我们的现代生活——使我们从五千多年前的冰人进化成现代人。在这成千上万种化合物中，有许多都是世界化学工业的产物，从玩具船到宇宙飞船，从微小的奇迹药丸到巨大的建筑物，从高科技的步行鞋到汽车和飞机，无所不包。化学工业是许多受到启迪的化学家共同建设的。我希望本书能启迪更多的人。

附录一　元素周期表

1 IA								
1 H 氢 1.00794	2 IIA							
3 Li 锂 6.941	4 Be 铍 9.0122							
11 Na 钠 22.9898	12 Mg 镁 24.3051	3 IIIB	4 IVB	5 VB	6 VIB	7 VIIB	8 VIIIB	9 VIIIB
19 K 钾 39.0938	20 Ca 钙 40.078	21 Sc 钪 44.9559	22 Ti 钛 47.867	23 V 钒 50.9415	24 Cr 铬 51.9962	25 Mn 锰 54.938	26 Fe 铁 55.845	27 Co 钴 58.9332
37 Rb 铷 85.4678	38 Sr 锶 87.62	39 Y 钇 88.906	40 Zr 锆 91.224	41 Nb 铌 92.9064	42 Mo 钼 95.94	43 Tc 锝 (98)	44 Ru 钌 101.07	45 Rh 铑 102.9055
55 Cs 铯 132.9054	56 Ba 钡 137.328	57-70 ☆	71 Lu 镥 174.967	72 Hf 铪 178.49	73 Ta 钽 180.948	74 W 钨 183.84	75 Re 铼 186.207	76 Os 锇 190.23	77 Ir 铱 192.217
87 Fr 钫 (223)	88 Ra 镭 (226)	89-102 ★	103 Lr 铹 (260)	104 Rf 𬬻 (261)	105 Db 𬭊 (262)	106 Sg 𬭳 (266)	107 Bh 𬭛 (262)	108 Hs 𬭶 (263)	109 Mt 鿏 (268)

原子序数
元素符号
元素名称
原子质量

3 Li
锂
6.941

☆ 镧系元素
★ 锕系元素

57 La 镧 138.9055	58 Ce 铈 140.115	59 Pr 镨 140.908	60 Nd 钕 144.24	61 Pm 钷 (145)
89 Ac 锕 (227)	90 Th 钍 232.0381	91 Pa 镤 231.036	92 U 铀 238.0289	93 Np 镎 (237)

括号中的数字是最稳定同位素的原子质量。

80　化学键

							18 VIIIA
			13 IIIA	14 IVA	15 VA	16 VIA	17 VIIA	2 He 氦 4.0026

10 VIIIB	11 IB	12 IIB	13 IIIA	14 IVA	15 VA	16 VIA	17 VIIA	18 VIIIA
			5 B 硼 10.81	6 C 碳 12.011	7 N 氮 14.0067	8 O 氧 15.9994	9 F 氟 18.9984	10 Ne 氖 20.1798
			13 Al 铝 26.9815	14 Si 硅 28.0855	15 P 磷 30.9738	16 S 硫 32.067	17 Cl 氯 35.4528	18 Ar 氩 39.948
28 Ni 镍 58.6934	29 Cu 铜 63.546	30 Zn 锌 65.409	31 Ga 镓 69.723	32 Ge 锗 72.61	33 As 砷 74.9216	34 Se 硒 78.96	35 Br 溴 79.904	36 Kr 氪 83.798
46 Pd 钯 106.42	47 Ag 银 107.8682	48 Cd 镉 112.412	49 In 铟 114.818	50 Sn 锡 118.711	51 Sb 锑 121.760	52 Te 碲 127.60	53 I 碘 126.9045	54 Xe 氙 131.29
78 Pt 铂 195.08	79 Au 金 196.9655	80 Hg 汞 200.59	81 Tl 铊 204.3833	82 Pb 铅 207.2	83 Bi 铋 208.9804	84 Po 钋 (209)	85 At 砹 (210)	86 Rn 氡 (222)
110 Ds 𫟼 (271)	111 Rg 𬬭 (272)	112 Cn 鿔 (277)	113 Uut (284)	114 Fl 𫓧 (285)	115 Uup (288)	116 Lv 𫟷 (292)	117 Uus ?	118 Uuo ?

62 Sm 钐 150.36	63 Eu 铕 151.966	64 Gd 钆 157.25	65 Tb 铽 158.9253	66 Dy 镝 162.500	67 Ho 钬 164.9303	68 Er 铒 167.26	69 Tm 铥 168.9342	70 Yb 镱 173.04
94 Pu 钚 (244)	95 Am 镅 243	96 Cm 锔 (247)	97 Bk 锫 (247)	98 Cf 锎 (251)	99 Es 锿 (252)	100 Fm 镄 (257)	101 Md 钔 (258)	102 No 锘 (259)

附录二　电子排布

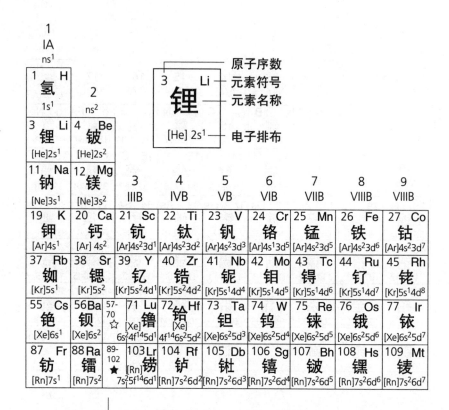

			13 IIIA ns^2np^1	14 IVA ns^2np^2	15 VA ns^2np^3	16 VIA ns^2np^4	17 VIIA ns^2np^5	18 VIIIA ns^2np^6
								2 He 氦 $1s^2$
			5 B 硼 $[He]2s^22p^1$	6 C 碳 $[He]2s^22p^2$	7 N 氮 $[He]2s^22p^3$	8 O 氧 $[He]2s^22p^4$	9 F 氟 $[He]2s^22p^5$	10 Ne 氖 $[He]2s^22p^6$
10 VIIIB	11 IB	12 IIB	13 Al 铝 $[Ne]3s^23p^1$	14 Si 硅 $[Ne]3s^23p^2$	15 P 磷 $[Ne]3s^23p^3$	16 S 硫 $[Ne]3s^23p^4$	17 Cl 氯 $[Ne]3s^23p^5$	18 Ar 氩 $[Ne]3s^23p^6$
28 Ni 镍 $[Ar]4s^23d^8$	29 Cu 铜 $[Ar]4s^13d^{10}$	30 Zn 锌 $[Ar]4s^23d^{10}$	31 Ga 镓 $[Ar]4s^24p^1$	32 Ge 锗 $[Ar]4s^24p^2$	33 As 砷 $[Ar]4s^24p^3$	34 Se 硒 $[Ar]4s^24p^4$	35 Br 溴 $[Ar]4s^24p^5$	36 Kr 氪 $[Ar]4s^24p^6$
46 Pd 钯 $[Kr]4d^{10}$	47 Ag 银 $[Kr]5s^14d^{10}$	48 Cd 镉 $[Kr]5s^24d^{10}$	49 In 铟 $[Kr]5s^25p^1$	50 Sn 锡 $[Kr]5s^25p^2$	51 Sb 锑 $[Kr]5s^25p^3$	52 Te 碲 $[Kr]5s^25p^4$	53 I 碘 $[Kr]5s^25p^5$	54 Xe 氙 $[Kr]5s^25p^6$
78 Pt 铂 $[Xe]6s^15d^9$	79 Au 金 $[Xe]6s^15d^{10}$	80 Hg 汞 $[Xe]6s^25d^{10}$	81 Tl 铊 $[Xe]6s^26p^1$	82 Pb 铅 $[Xe]6s^26p^2$	83 Bi 铋 $[Xe]6s^26p^3$	84 Po 钋 $[Xe]6s^26p^4$	85 At 砹 $[Xe]6s^26p^5$	86 Rn 氡 $[Xe]6s^26p^6$
110 Ds 鐽 $[Rn]7s^16d^9$	111 Rg 轮 $[Rn]7s^16d^{10}$	112 Cn 鎶 $[Rn]7s^26d^{10}$	113 Uut ?	114 Fl 铁 ?	115 Uup ?	116 Lv 钲 ?	117 Uus ?	118 Uuo ?

62 Sm 钐 $[Xe]6s^24f^65d^0$	63 Eu 铕 $[Xe]6s^24f^75d^0$	64 Gd 钆 $[Xe]6s^24f^75d^1$	65 Tb 铽 $[Xe]6s^24f^95d^0$	66 Dy 镝 $[Xe]6s^24f^{10}5d^0$	67 Ho 钬 $[Xe]6s^24f^{11}5d^0$	68 Er 铒 $[Xe]6s^24f^{12}5d^0$	69 Tm 铥 $[Xe]6s^24f^{13}5d^0$	70 Yb 镱 $[Xe]6s^24f^{14}5d^0$
94 Pu 钚 $[Rn]7s^25f^66d^0$	95 Am 镅 $[Rn]7s^25f^76d^0$	96 Cm 锔 $[Rn]7s^25f^76d^1$	97 Bk 锫 $[Rn]7s^25f^96d^0$	98 Cf 锎 $[Rn]7s^25f^{10}6d^0$	99 Es 锿 $[Rn]7s^25f^{11}6d^0$	100 Fm 镄 $[Rn]7s^25f^{12}6d^0$	101 Md 钔 $[Rn]7s^25f^{13}6d^0$	102 No 锘 $[Rn]7s^25f^{14}6d^1$

附录三　原子质量表

元素	符号	原子序数	原子质量	元素	符号	原子序数	原子质量
锕	Ac	89	（227）	锿	Es	99	（252）
铝	Al	13	26.9815	铒	Er	68	167.26
镅	Am	95	243	铕	Eu	63	151.966
锑	Sb	51	121.76	镄	Fm	100	（257）
氩	Ar	18	39.948	氟	F	9	18.9984
砷	As	33	74.9216	钫	Fr	87	（223）
砹	At	85	（210）	钆	Gd	64	157.25
钡	Ba	56	137.328	镓	Ga	31	69.723
锫	Bk	97	（247）	锗	Ge	32	72.61
铍	Be	4	9.0122	金	Au	79	196.9655
铋	Bi	83	208.9804	铪	Hf	72	178.49
𨨏	Bh	107	（262）	𨭆	Hs	108	（263）
硼	B	5	10.81	氦	He	2	4.0026
溴	Br	35	79.904	钬	Ho	67	164.9303
镉	Cd	48	112.412	氢	H	1	1.00794
钙	Ca	20	40.078	铟	In	49	114.818
锎	Cf	98	（251）	碘	I	53	126.9045
碳	C	6	12.011	铱	Ir	77	192.217
铈	Ce	58	140.115	铁	Fe	26	55.845
铯	Cs	55	132.9054	氪	Kr	36	83.798
氯	Cl	17	35.4528	镧	La	57	138.9055
铬	Cr	24	51.9962	铹	Lr	103	（260）
钴	Co	27	58.9332	铅	Pb	82	207.2
铜	Cu	29	63.546	锂	Li	3	6.941
锔	Cm	96	（247）	镥	Lu	71	174.967
𫟼	Ds	110	（271）	镁	Mg	12	24.3051
𬭊	Db	105	（262）	锰	Mn	25	54.938
镝	Dy	66	162.5	�“	Mt	109	（268）

元素	符号	原子序数	原子质量	元素	符号	原子序数	原子质量
钔	Md	101	（258）	𬬻	Rf	104	（261）
汞	Hg	80	200.59	钐	Sm	62	150.36
钼	Mo	42	95.94	钪	Sc	21	44.9559
钕	Nd	60	144.24	𬭳	Sg	106	（266）
氖	Ne	10	20.1798	硒	Se	34	78.96
镎	Np	93	（237）	硅	Si	14	28.0855
镍	Ni	28	58.6934	银	Ag	47	107.8682
铌	Nb	41	92.9064	钠	Na	11	22.9898
氮	N	7	14.0067	锶	Sr	38	87.62
锘	No	102	（259）	硫	S	16	32.067
锇	Os	76	190.23	钽	Ta	73	180.948
氧	O	8	15.9994	锝	Tc	43	（98）
钯	Pd	46	106.42	碲	Te	52	127.6
磷	P	15	30.9738	铽	Tb	65	158.9253
铂	Pt	78	195.08	铊	Tl	81	204.3833
钚	Pu	94	（244）	钍	Th	90	232.0381
钋	Po	84	（209）	铥	Tm	69	168.9342
钾	K	19	39.0938	锡	Sn	50	118.711
镨	Pr	59	140.908	钛	Ti	22	47.867
钷	Pm	61	（145）	钨	W	74	183.84
镤	Pa	91	231.036	鿔	Cn	112	（277）
镭	Ra	88	（226）	铀	U	92	238.0289
氡	Rn	86	（222）	钒	V	23	50.9415
铼	Re	75	186.207	氙	Xe	54	131.29
铑	Rh	45	102.9055	镱	Yb	70	173.04
铹	Rg	111	（272）	钇	Y	39	88.906
铷	Rb	37	85.4678	锌	Zn	30	65.409
钌	Ru	44	101.07	锆	Zr	40	91.224

附录四　术语定义

绝对温度　可能存在的最低温度是绝对零度，即 –273 ℃。绝对温标从这里开始。计量单位是开尔文（K）。

醇　一种有机化合物，有一个与碳原子相连的羟基基团。一种常见的醇是乙醇，化学式是 CH_3CH_2OH。

碱金属　元素周期表的第 1 族中反应活性高的金属。

碱土金属　元素周期表第 2 族中的金属。

合金　两种或两种以上金属的混合物（如青铜）、一种或多种金属与一种或多种非金属的混合物（如高碳钢）。

α粒子　由放射性衰变中释放出来的两个质子和两个中子组成的氦原子核。

角动量　旋转运动动量的量度。

角量子数　这个量子数掌控了原子中电子的角动量，并决定其轨道的形状。

阴离子　带负电荷的离子。

阳极　电解系统中带正电的电极。

芳香化合物　苯衍生出的化合物。

原子　显示元素属性的元素的最小微粒。

原子质量　原子的静止质量。它通常用原子质量单位或 amu 来计量，amu 被规定为碳 12 原子质量的十二分之一。碳 12 是碳的同位素，原子核中有 6 个质子和 6 个中子。1 amu 大约等于 1.66×10^{-24} 克。

原子序数　原子中的质子数。

原子轨道　是对一个能层或亚层的细分，原子轨道上很可能存在一个电子。一个轨道最多可以包含两个电子。

能量最低原理　元素周期表中的连续元素增加电子时，首先填充能量最低的轨道的原理。

碱 接受质子的物体。

β粒子 放射性衰变中释放出的高能电子。

大爆炸理论 该理论认为宇宙是由一个致密炽热的奇点于140亿年前的一场大爆炸中膨胀形成的。

键的离解能 断裂化学键所需的能量，常用单位是千焦/摩尔。

青铜 一种含有一些锡、砷或其他元素混合物的铜合金。

布朗运动 悬浮在液体中的微粒所做的无规则运动。

浇铸 把金属液体倒进模具里，让它变硬成型。

催化剂 能改变化学反应速率而自身不发生改变的化合物。

阴极 电解系统中带负电荷的电极。

阳离子 自然地向阴极移动的带正电的离子。

化学键 化合物中使原子结合在一起的吸引力。

化学反应 产生化学变化的过程。

叶绿素 植物叶片中一类能吸收阳光的绿色色素，它能进行将二氧化碳和水合成糖类的光合作用。

化合物 由两种或多种元素通过化学键结合的物质。

配位共价键 一个原子提供共享电子对中的两个电子时，两个原子之间形成的化学键。

宇宙微波背景辐射 在天空中各个方向都能观察到的处于光谱中微波范围的均匀背景辐射。它的发现增加了宇宙大爆炸模型的可信度。

共价键 共用两个或多个价电子原子间形成的键。

脱氧核糖核酸 在所有生物的细胞中都能发现的长双链分子，携带该生物体的遗传密码。

双键 两个原子共用四个电子时形成的共价键。

电偶极子 具有两个相反电荷区域的分子。

电绝缘体 不良电导体。

电磁辐射 在真空中以 3×10^8 米/秒的速度传播的纯能量波——从低频无线电波到高能伽玛射线（其间夹有光波）。

电子 原子核外带负电荷的粒子。自由电子叫 β 粒子。

电子离域 分子中的电子不与任何特定的化学键或原子相关的状态。

电负性 化学键中的原子对电子吸引力的量度。

元素 一种不能通过化学手段分解为更简单物质的物质。

发射光谱学 研究激发原子或分子并测量发出的电磁辐射波长的科学分支。

能带 金属和其他固体中电子所具有的能量范围。

酶 催化化学反应的蛋白质。

发酵 在某些微生物中发生的生化反应，通常发生于葡萄酒或烘焙食品等食品生产中，会产生酒精和二氧化碳。

自由能 系统做功能力的度量。自由能的变化可以用来预测反应是否会自发进行。

金箔 打得极薄，用来装饰的片状黄金。

基态 系统的最低稳定能态。这个术语通常用于原子和分子。

卤化物 由一种卤素和另一种元素组成的化合物。

卤素 由氟、氯、溴、碘和砹组成。位于元素周期表的第17族。

洪特规则 总自旋态高的原子比自旋态低的原子更稳定。连续元素增加电子排成元素周期表时，电子会在配对之前填满不同的轨道。

杂化轨道 两个原子轨道组合形成一组新的轨道。

氢键 极性共价键中的氢原子和邻近的带强电负性原子的

分子之间形成的弱键。

干涉图样 两个或多个波相互作用时产生的图样。

填隙式合金 在填隙式合金中，合金元素的原子极小，无法取代金属键合晶格中的母金属。相反，这些合金元素原子填进了晶格的空隙中。

离子 由于失去或得到电子而带电荷的原子。

离子芯 被除一个或两个电子以外的所有电子包围的金属键合晶格中的原子核。离子芯的可移动电子也是金属和合金中电子海的一部分。

离子键 带相反电荷的离子间形成的键。

电离能 从气态的原子或离子中移去一个电子所需要的能量。

同位素 原子核中具有相同数目的质子和电子、不同数目中子的原子。同种元素的同位素化学性质相同，但质量不同。

焦耳 国际单位制（SI）中功的单位。

动能 运动的能量。物体动能的经典方程是 $mv^2/2$，其中 m 是物体的质量，v 是物体的速度。

路易斯点结构 路易斯点结构中使用点来表示单个或分子中的原子的价电子。

原子轨道线性组合（LCAO 理论） 一种将原子轨道结合起来大致计算分子轨道的方法。

伦敦力 由于分子或原子的电子密度波动在偶极子间产生的力，以及诱导相邻原子或分子的偶极子间产生的力。

磁量子数 薛定谔波动方程的第三个解产生了磁量子数。它规定了 s 轨道、p 轨道、d 轨道和 f 轨道在空间中的位置。

质量 物质质量的量度。在地球上，重量用来表示物体的质量。

金属键 在离域电子的海洋中，由带正电的原子晶格构成的金属晶体中的键合现象。

类金属 一种性质既类似于金属又类似于非金属的元素。

金属 以其特性（如可锻性、延展性和高导电性）而闻名的一类元素。

混溶 用来规定两种物质相互混合的程度的术语。完全可混溶的物质，如水和乙醇，无论按什么比例混合都能完全混溶。

摩尔 含有 6×10^{23} 个原子或分子的物质的量，这个原子或分子的数目就是阿伏伽德罗常数。1 摩尔分子质量为 12 的碳重 12 克。

分子式 体现一个分子中原子的数目和类型的式子，如 H_2O。

分子轨道 分子中电子的轨道。分子轨道是通过结合分子中原子的最高能量轨道的波函数而计算得出的。

分子 由化学键连接原子构成。它们是物质中保留物质特性的最小部分。

中子 原子核中发现的亚原子粒子，它是电中性的，质量略大于质子的质量。

稀有气体 外层充满电子的不活泼元素。

非金属元素 不可锻、不可延展、导电性能也很差的电负性元素。

原子核 包含质子和中子（除了普通的氢，它没有中子）的原子的微小核心——原子核的复数形式。

八隅体规则 原子与其他原子结合，形成包含 8 个电子的外能层。虽然这条规则过于简化了，但还是很有用。

数量级 一个数量级是含有 10 的幂，两个数量级就是含有 100 的幂。

振子 前后振动的任何物体（如原子）。

水蒸气分压 混合气体中各种气体对气体所施加的总压力的贡献。

泡利不相容原理 同一原子中的两个电子不可能拥有一组相同的量子数。

元素周期表 将元素按原子序数排列的一种表，其竖列产生的元素族中的元素具有相似的原子价、电子排布和化学性质。

光电效应 电磁辐射将电子从金属中击出所产生的效应。爱因斯坦用这种现象证明了光是量子化的，光的能量粒子叫光子。

光子 有能量但没有静止质量的粒子，它代表了电磁辐射的量子。

木髓球 木髓是一种海绵状的物质，存在于大多数植物的茎的中心。木髓球是将小块的木髓系在一根绳子上，可用于进行类似电荷吸引和排斥这些球之类的科学演示。如今在这些演示中，木髓通常被轻质塑料取代。

极性共价键 电子离两个原子的距离不等的原子间形成的化学键。这使得分子中的一个原子带有一点正电荷，另一个原子带有一点负电荷。

多相合金 一种非均匀合金，其组成成分不像它们在固溶体中那样均匀分布。

主量子数 这个量子数规定了原子的主能层。它大致相当于原子核和轨道之间的距离，符号是 n。

质子 在原子核中发现的带正电荷的亚原子粒子。

量子 改变某些性质（如原子中电子的能量）所需要的最低能量。

量子力学 预测和理解原子层面世界的表现的现代方法。它假设能量不是连续的，而是以不可再分的粒子形式出现的，这种粒子被称为量子。

量子数 这四个量子数——主量子数、角量子数、磁量子数和自旋量子数——代表了波动方程的解,并决定了原子的电子排布。

放射性元素 能放射出 α、β 或 γ 射线的元素。

还原 化合物得到电子或失去氧的过程。

共振结构 具有两个或两个以上有效路易斯点结构的分子就被认为是共振的。实际的结构不是这些结构中的任意一个,而是一个具有离域价电子的低能分子。具有交替的双键和单键的苯就是共振结构的一个例子。事实上苯既没有单键也没有双键,它的实际结构介于这两种可能性之间。

盐 一种由正的金属离子和负的非金属离子组成的通常为晶体状的化合物,如氯化钠。

科学计数法 一种用 10 的指数形式来表示数字的方法,如 $10^2 = 100$,$10^3 = 1\,000$,$6\,020 = 6.02 \times 10^3$。

滑移面 当平行晶格面相互滑动时,固体金属发生塑性变形(或屈服)。这些平面被称为滑动平面。

熔炼 从金属矿石中除去氧或硫并把矿石变成金属的过程。

固溶体 组成成分均匀混合的合金。另一种合金是成分不均匀混合的多相合金。

自旋量子数 在原子中,每个电子都有一个自旋量子数。自旋量子数只能是两个可能值中的一个,通常规定为 + 或 -。尽管最初认为自旋是电子以顺时针或逆时针的方向绕自转轴旋转,但科学家们现在知道,没有明确的物理特性与这个量子数有关。

物态 三种物态分别为气态、液态和固态。

稳态理论 认为宇宙没有起源的宇宙学理论。这个理论在很大程度上已经被大爆炸理论所取代。

结构式　描述分子中原子排列的式子。H-O-H 就是一个例子。

亚层　电子层的亚能级；不同类型的亚层可以包含不同的最大电子数。

替代式合金　原子晶格中母体元素的一些原子被添加元素的原子取代时产生的一种合金。当组成合金的元素大小相同时就会产生替代式合金。

热力学　研究热、能量以及可用于做功的能量的学科。

扭力天平　一种通过测量垂直细丝的扭转量来测量弱力的灵敏装置。

三键　两个原子共用六个电子时形成的共价键。

化合价　一个原子的化合价是它在形成化学键时通常失去、得到或共享的电子数。

价电子　原子的最外层电子，是参与形成化学键的电子。

价层电子对互斥（VSEPR）　一种基于分子中电子斥力，使化学家能够预测大致键角的方法。

范德瓦耳斯力　偶极–偶极、诱导偶极–诱导偶极、氢键在内的分子间力统称为范德瓦耳斯力。

关于作者

　　菲利普·曼宁（Phillip Manning）除了编著本书之外，还出版和发表了 5 本书和 150 多篇文章。他撰写的《希望之岛》（*Islands of Hope*）荣获 1999 年美国国家户外图书奖（自然和环境类别）。曼宁是北卡罗来纳大学教堂山分校物理化学博士。他的网站（www.Scibooks.org）每周更新科学新书书单和科学书籍书评。

　　曼宁在写作本书的过程中得到了理查德·C.贾纳金（Richard C. Jarnagin）博士的大力协助。贾纳金博士在北卡罗来纳大学教授化学多年，指导过许多研究生，包括曼宁。在协助编写这本书时，贾纳金博士给予了热心的指导。